U0247486

创客电子

电子制作DIY指南

（图文版）

[英] Simon Monk 著　孙宇 译

人民邮电出版社

北　京

图书在版编目（CIP）数据

创客电子：电子制作DIY指南：图文版 / （英）蒙克（Monk, S.）著；孙宇译. —— 北京：人民邮电出版社，2014.7（2016.7 重印）
ISBN 978-7-115-35650-5

Ⅰ. ①创… Ⅱ. ①蒙… ②孙… Ⅲ. ①电子器件－制作－指南 Ⅳ. ①TN-62

中国版本图书馆CIP数据核字（2014）第110069号

内 容 提 要

本书附带详细电路原理图、元器件全彩插图、步骤指导，让读者可以轻松学会如何连接或拆卸日常电子设备。同时本书还教你如何控制传感器、加速器、遥控器、超声波测距仪、发动机、音响组合、话筒以及 FM 发射器。本书最后一章还包含了如何找到免费或者便宜的电子元器件和软件平台的实用信息。本书适合从事电子、电气、通信等行业的工程师、学生，特别适合电子 DIY 发烧友。

- ◆ 著　　　　[英]Simon Monk
- 　译　　　　孙　宇
- 　责任编辑　紫　镜
- 　执行编辑　魏勇俊
- 　责任印制　周昇亮
- ◆ 人民邮电出版社出版发行　　北京市丰台区成寿寺路 11 号
- 　邮编　100164　电子邮件　315@ptpress.com.cn
- 　网址　http://www.ptpress.com.cn
- 　北京画中画印刷有限公司印刷
- ◆ 开本：787×1092　1/16
- 　印张：15.5
- 　字数：245 千字　　　　　　　2014 年 7 月第 1 版
- 　印数：4501-5500 册　　　　　2016 年 7 月北京第 3 次印刷
- 　著作权合同登记号　图字：01-2013-7915 号

定价：69.00 元

读者服务热线：**(010)81055339** 印装质量热线：**(010)81055316**
反盗版热线：**(010)81055315**
广告经营许可证：京东工商广字第 **8052** 号

献给 Roger，感谢 Roger 让我有机会将业余爱好变成职业

作者简介

    Simon Monk获得了控制论和计算机科学学位以及软件工程博士学位。他做了多年的学术研究之后，合作成立了Monote Ltd移动软件公司。在青少年时期，Simon Monk就是一位活跃的电子爱好者，他现在是一位电子爱好者和开源硬件方面的全职作家。他出版过许多开源硬件平台方面的书籍，尤其是Arduino和Raspberry Pi开发板方面的书籍。他与Paul Scherz合作完成了《Practical Electronics for Inventors, 3rd edition》一书。读者可以关注他的推特，他的推特账号是simonmonk2。

前　言

　　这是一本关于电子"制作（hacking）"的书籍，但是它并不像传统意义上电子方面的书籍一样讲述很多理论知识。本书的唯一宗旨是让读者能够学会使用电子元器件来真正地制作出点有意思的东西来，不管读者是想从零开始设计一个器件，还是想把一些功能模块连接在一起，或者是改造现有的电子设备来开发出新功能。

　　通过阅读本书，读者会学到如何做试验并将自己的想法变为现实。你还会学到电路的工作原理，以及它们所能做到的极限。另外，读者也将学会如何使用无需焊接的面包板来制作技术原型，如何焊接元器件，如何使用铜箔面包板。

　　通过阅读本书，读者还会学到如何使用现在最流行的 Arduino 微控制器开发板，它已经成为了电子爱好者最重要的工具。在本书中有超过 20 个如何使用 Arduino 微控制器开发板的实例。

　　电子学日新月异。本书是定位于当前较新技术的书籍，也会忽略一些你根本用不到的理论，而是重点教给读者如何使用一些现成的功能模块来完成电路设计。毕竟，没有理由白费力气做重复的工作。

　　本书介绍的内容有：

- 使用 LED，包括大功率发光二极管 Lumileds。
- 使用锂（LiPo）电池组和升压 – 降压电源模块。
- 使用传感器来测量光照、温度、震动、加速度、音量大小和颜色。
- 连接 Arduino 微控制器开发板，包括使用 Arduino Shields 外围功能扩展板，比如说以太网和 LCD 显示屏外围扩展板。
- 使用伺服电动机和步进电动机。

在学习本书的过程中，你可以制作的有趣发明有：

- 一个有害气体探测器
- 一个由互联网控制的改造电子玩具
- 一个颜色测量设备
- 一个超声波测距仪
- 一个远程遥控的"漫步者"机器人
- 一个基于加速计版本的"汤勺盛蛋赛跑"游戏
- 一个 1 W 的音频放大器
- 一个使用 MP3 FM 发射机制作的窃听器
- 为轨道赛车安装上车头灯和刹车灯

你需要

本书是一本注重实践，倡导动手去制作的书籍。因此你需要一些工具和元器件进行电子设计和制作。

关于使用的工具，除了一般都会使用到的万用表和焊接工具，你还需要其他的工具。

当我们谈到需要使用到微控制器时，Arduino Uno 开发板是最好的选择。因此最好能够在尝试做本书中的电子制作之前购买一款 Arduino 开发板。

本书中所有使用到的电路元器件都列在附录里了，同时还附上了从哪里能够买到这些元器件的信息。大部分元器件都能在 SparkFun 公司的新手套装里找到，大部分的新手套装都能够提供你设计电路时所需要的材料。

在许多"如何做某某设计"的小节里，都会有"你需要"这个单元。在这个单元里会列出这个设计中所有用到的元器件和附录编码，让你可以清楚的知道在哪能够买到这些材料。

如何使用本书

本书按照章节划分，每一章都有一个主题。在每一章中，大部分小节中都会包含动手进行电子制作的内容。

本书的章节内容如下：

章节	标题	描述
第1章	入门指南/准备开始	本章首先介绍了在哪可以购买电子制作使用的设备、电子元器件等材料。本章还会教给读者一些基本的焊接知识，并介绍如何使用一个老旧计算机风扇来制作一个可以在焊接时使用的烟雾驱散器。
第2章	理论与实践	这一章介绍电子元器件——或者说至少是你将会用到的电子元器件——并且介绍了如何识别这些电子元器件及它们的功能。本章还包含了一小部分必要的理论知识，在以后的制作中，你将会重复使用它们。
第3章	基础电路设计与制作	本章包含了电子制作的基本知识，介绍了一些概念，比如说在示例制作中使用三极管。在本章，我们制作了一个可以在黑暗情况下自动开启的"按键灯"，还将学习如何使用功率MOSFET来控制一个电动机。
第4章	LED	本章除了介绍常见的LED及它们的使用方法外，还介绍了如何使用恒定电流来驱动LED，如何为数量众多的LED阵列提供电源，以及激光二极管功能模块。
第5章	电池与电源	本章介绍了各式各样的电池，包括了一次性电池和可充电电池。本章还介绍了如何给锂电池等可充电电池充电，还解释了自动电池备份，稳压和太阳能充电等内容。
第6章	使用Arduino开发板	Arduino开发板已成为了电子爱好者使用微控制器时的一个选择。Arduino开发板是硬件开源的，它能够让一个很复杂的设备比如微控制器变得简单易用。本章将会教给读者如何使用Arduino开发板，包括了几个制作，有使用Arduino开发板来控制一个继电器，播放声音，控制伺服电动机等。本章还包含了使用Arduino Shield外围功能扩展板。
第7章	使用功能模块来进行电子制作	当你想要进行某个电子制作时，你通常都可以使用制作好的功能模块，这些功能模块一般至少都能用于电子制作的某一部分。功能模块的覆盖范围很广，从无线遥控模块到电动机驱动模块。

章节	标题	描述
第8章	使用传感器进行电子制作	传感器芯片和模块可以感知一切，从气体到加速度。在本章中，我们将会介绍许多种类的传感器并会阐述如何使用这些传感器并将它们连接到Arduino上。
第9章	制作音频	本章会介绍一些有用的"电与声"的电子制作。包括制作音频电缆，音频放大器并讨论了话筒的用途。
第10章	电子元器件的拆卸与修复	对于电子爱好者来说修理废旧电子产品，从它们上面收集可用元器件将会非常实用。本章介绍了如何拆卸电子产品并将它们修复好。
第11章	工具	本书的最后一章向读者介绍了在哪里可以购买电子制作常用的工具，比如万用表和实验室电源，可以作为参考。

致谢

感谢所有为本书的出版做出贡献的"McGraw-Hill Education"工作人员。特别感谢我的编辑Roger Stewart, Vastavikta Sharma, Jody McKenzie, Mike McGee以及Claire Splan。

还要特别感谢Duncan Amos, John Heath和John Hutchinson，感谢他们对本书的技术评审和鼓励。

最后，要再次感谢Linda，正是她的耐心与宽容给了我创作本书的时间。

章节一览

第1章　入门指南/准备开始 1

第2章　理论与实践 15

第3章　基础电路设计与制作 27

第4章　LED 47

第5章　电池与电源 71

第6章　使用Arduino开发板 91

第7章　使用功能模块来进行电子制作 131

第8章　使用传感器进行电子制作 167

第9章　制作音频 185

第10章　电子元器件的拆卸与修复 203

第11章　工具 211

附录部分 221

目　录

第1章　入门指南/准备开始 1

　1.1　购买东西 1

　　1.1.1　购买电子元器件 1

　　1.1.2　购物指南 2

　　1.1.3　基本工具 2

　1.2　如何剥线 4

　　你需要 4

　1.3　如何通过扭线来连接导线 6

　　你需要 6

　1.4　如何通过焊接来连接导线 7

　　1.4.1　焊接安全 7

　　1.4.2　你需要 8

　　1.4.3　焊接 8

　　1.4.4　焊接导线 9

　1.5　如何测试连接 10

　　你需要 10

　1.6　如何制作一台计算机风扇来驱散焊接烟雾 11

　　1.6.1　你需要 11

　　1.6.2　电路搭建 11

　小结 14

第2章　理论与实践 15

　2.1　如何收集一个电子元器件入门套装 15

　　你需要 15

　2.2　如何识别电子元器件 16

　　2.2.1　电阻 16

　　2.2.2　电容 18

2.2.3 二极管 19

2.2.4 LED 19

2.2.5 三极管 19

2.2.6 集成电路 20

2.2.7 其他元器件 20

2.2.8 表面贴装元器件 20

2.3 什么是电流、电阻和电压? 21

2.3.1 电流 21

2.3.2 电阻 21

2.3.3 电压 22

2.3.4 欧姆定律 22

2.4 什么是功率? 23

2.5 如何阅读电路原理图 24

2.5.1 电路原理图的第一个规则：正电压置上 24

2.5.2 电路原理图的第二个规则：从左到右 25

2.5.3 名称与数值 25

2.5.4 元器件符号 25

小结 26

第3章 基础电路设计与制作 27

3.1 如何让一个电阻发热 27

3.1.1 你需要 27

3.1.2 试验 27

3.2 如何使用电阻来分压 28

你需要 28

3.3 如何将电阻转换成电压? （并制作一个测光计） 30

你需要 31

3.4 制作一个感光按键灯 32

3.4.1 你需要 33

3.4.2 面包板 34

3.4.3 电路搭建 35

3.5 如何选择双极型晶体管 38

3.5.1 电子元器件的技术参数表（datasheet） 38

3.5.2 场效应管（MOSFET） 39

3.5.3 PNP与N沟道三极管 40

3.5.4 常见三极管 40

3.6 如何使用功率MOSFET来控制一个电动机 41

3.6.1 你需要 41

3.6.2 面包板 41

3.7 如何选择合适的开关 42

　　　3.7.1　按键开关 43
　　　3.7.2　微动开关 43
　　　3.7.3　拨动开关 44
　　小结 45

第4章　LED **47**
　4.1　如何避免LED报废 47
　　　4.1.1　你需要 47
　　　4.1.2　二极管 48
　　　4.1.3　LED 48
　　　4.1.4　电路搭建 49
　4.2　如何选择合适的LED 50
　　　4.2.1　你需要 51
　　　4.2.2　亮度与角度 51
　　　4.2.3　彩色发光二极管 51
　　　4.2.4　IR（红外线）和UV（紫外线）LED 52
　　　4.2.5　照明LED 53
　4.3　如何使用LM317来搭建一个恒流源 53
　　　4.3.1　你需要 54
　　　4.3.2　电路设计 54
　　　4.3.3　面包板 55
　　　4.3.4　电路搭建 56
　4.4　如何计算一个LED的正向偏置电压 57
　　　你需要 58
　4.5　如何驱动数量众多的LED 58
　4.6　如何制作LED闪烁灯 59
　　　4.6.1　你需要 59
　　　4.6.2　面包板 59
　4.7　如何使用铜箔面包板 60
　　　4.7.1　设计铜箔面包板布线图 61
　　　4.7.2　你需要 63
　　　4.7.3　电路搭建 63
　　　4.7.4　故障检修 66
　4.8　如何使用一个激光二极管模块 66
　4.9　制作一个轨道赛车 67
　　　4.9.1　你需要 67
　　　4.9.2　用电容来储存电荷 67
　　　4.9.3　设计 68
　　　4.9.4　电路搭建 69
　　　4.9.5　测试 69

小结 70

第5章 电池与电源 **71**

5.1 选择正确的电池 71

    5.1.1 电池容量 71

    5.1.2 最大放电率 72

    5.1.3 一次性电池 72

    5.1.4 组装一个电池组 73

    5.1.5 选择合适的电池 73

    5.1.6 可充电电池 74

5.2 为电池充电（综述） 75

    5.2.1 C（电池容量） 76

    5.2.2 过量充电 76

    5.2.3 过量放电 76

    5.2.4 电池生命周期 76

5.3 如何为一个NiMH镍氢电池充电 77

    5.3.1 便捷充电 77

    5.3.2 快速充电 78

5.4 如何为一个密封铅酸蓄电池充电 78

    使用一个可变电源来充电 78

5.5 如何为一个LiPo电池充电 79

5.6 为一个手机电池充电 80

5.7 使用电池来控制电压 81

    5.7.1 你需要 82

    5.7.2 面包板 83

5.8 升压 83

5.9 计算一块电池能够持续的时间 84

5.10 如何设计备用电池 85

    5.10.1 二极管 85

    5.10.2 涓流充电 86

5.11 如何使用太阳能电池 87

    5.11.1 测试一个太阳能电板 87

    5.11.2 使用太阳能电板涓流充电 88

    5.11.3 最小化电源功耗 89

小结 90

第6章 使用Arduino开发板 **91**

6.1 如何设置Arduino开发板（使一个LED灯闪烁） 92

    6.1.1 你需要 92

    6.1.2 设置Arduino 92

　　　6.1.3　调整闪烁代码 95
　6.2　如何使用Arduino开发板控制一个继电器 97
　　　6.2.1　继电器 97
　　　6.2.2　Arduino 输出 97
　　　6.2.3　电路搭建 99
　　　6.2.4　软件 99
　6.3　如何制作一个能被Arduino开发板控制的玩具 100
　　　6.3.1　你需要 100
　　　6.3.2　电路搭建 101
　　　6.3.3　Serial Monitor 102
　　　6.3.4　软件 102
　6.4　如何使用一个Arduino开发板测量电压 103
　　　6.4.1　你需要 104
　　　6.4.2　电路搭建 104
　6.5　如何使用Arduino开发板来控制一个LED灯 105
　　　6.5.1　你需要 106
　　　6.5.2　电路搭建 106
　　　6.5.3　软件（闪烁功能）. 106
　　　6.5.4　软件（亮度）. 108
　6.6　如何使用Arduino开发板播放声音 108
　　　6.6.1　你需要 109
　　　6.6.2　电路搭建 109
　　　6.6.3　软件 110
　6.7　如何使用Arduino开发板外围功能扩展板 111
　6.8　如何使用网页来控制一个继电器 112
　　　6.8.1　你需要 113
　　　6.8.2　电路搭建 113
　　　6.8.3　网络配置 113
　　　6.8.4　测试 115
　　　6.8.5　程序 115
　6.9　如何在Arduino上使用字母数字LCD 外围功能扩展板 119
　　　6.9.1　你需要 120
　　　6.9.2　电路搭建 120
　　　6.9.3　软件 120
　6.10　如何使用Arduino开发板驱动一个伺服电动机 121
　　　6.10.1　你需要 122
　　　6.10.2　电路搭建 122
　　　6.10.3　软件 123
　6.11　如何CharliePlex LED 124

6.11.1　你需要 125

6.11.2　电路搭建 125

6.11.3　软件 126

6.12　如何自动输入密码 127

6.12.1　你需要 128

6.12.2　电路搭建 128

6.12.3　软件 128

小结 129

第7章　使用功能模块来进行电子制作 131

7.1　如何使用一个PIR运动传感器模块 131

7.1.1　你需要（PIR和LED） 131

7.1.2　面包板 132

7.1.3　你需要（PIR和Arduino） 132

7.1.4　电路搭建 133

7.1.5　软件 133

7.2　如何使用超声波测距仪模块 134

7.2.1　你需要 135

7.2.2　HC-SR04测距仪 135

7.2.3　MaxBotix LV-EZ1型声波测距仪 137

7.3　如何使用一个无线遥控模块 139

7.3.1　你需要 139

7.3.2　面包板 140

7.4　如何在Arduino开发板上使用一个无线遥控模块 141

7.4.1　你需要 141

7.4.2　软件 141

7.5　如何使用一个功率场效应晶体管来控制电动机速度 142

7.5.1　你需要 143

7.5.2　软件 145

7.6　如何使用H桥模块来控制直流电动机 145

7.6.1　你需要 147

7.6.2　面包板 148

7.6.3　使用控制管脚 149

7.7　如何使用H桥电路控制一个步进电动机 149

7.7.1　你需要 151

7.7.2　电路搭建 151

7.7.3　软件 152

7.8　如何制作一个简单的"漫步者"机器人 154

7.8.1　你需要 154

7.8.2　电路搭建 155

　　　7.8.3　测试 157
　　　7.8.4　软件 157
　7.9　如何使用一个七段码LED显示屏模块 159
　　　7.9.1　你需要 160
　　　7.9.2　电路搭建 160
　　　7.9.3　软件 162
　7.10　如何使用一个实时时钟模块 162
　　　7.10.1　你需要 163
　　　7.10.2　电路搭建 164
　　　7.10.3　软件 165
　小结 166

第8章　使用传感器进行电子制作 **167**
　8.1　如何检测有害气体 167
　　　8.1.1　你需要 167
　　　8.1.2　LM311比较器 168
　　　8.1.3　面包板 169
　　　8.1.4　在Arduino开发板上使用气体传感器 170
　8.2　如何检测某物体的颜色 171
　　　8.2.1　你需要 172
　　　8.2.2　电路搭建 172
　　　8.2.3　软件 173
　8.3　如何检测震动 174
　　　8.3.1　你需要 175
　　　8.3.2　电路搭建 175
　　　8.3.3　软件 175
　8.4　如何测量温度 177
　　　8.4.1　你需要 177
　　　8.4.2　电路搭建 177
　　　8.4.3　软件 177
　8.5　如何使用一个加速计 178
　　　8.5.1　你需要 179
　　　8.5.2　电路搭建 180
　　　8.5.3　软件 181
　8.6　如何感应磁场 182
　　　8.6.1　你需要 183
　　　8.6.2　电路搭建 183
　　　8.6.3　软件 183
　小结 184

第9章　制作音频 **185**

9.1　制作音频导线 185

　　9.1.1　基本原理 186

　　9.1.2　焊接音频接线端子 186

　　9.1.3　将立体声信号转化为单声道信号 187

9.2　如何使用一个话筒模块 189

9.3　如何制作一个调频窃听器 191

　　9.3.1　你需要 191

　　9.3.2　电路搭建 191

　　9.3.3　测试 193

9.4　选择扬声器 193

9.5　如何制作一个1 W的音频放大器 194

　　9.5.1　你需要 195

　　9.5.2　电路搭建 195

　　9.5.3　测试 196

9.6　如何使用一个555定时器产生声音 196

　　9.6.1　你需要 197

　　9.6.2　电路搭建 198

9.7　如何制作一个USB音乐控制器 198

　　9.7.1　你需要 199

　　9.7.2　电路搭建 199

　　9.7.3　软件 199

9.8　如何制作一个软件音量单位计 200

　　9.8.1　你需要 201

　　9.8.2　电路搭建 201

　　9.8.3　软件 201

小结 202

第10章　电子元器件的拆卸与修复 **203**

10.1　如何避免触电 203

10.2　如何拆解并且重新组装电子元器件 204

10.3　如何检查一个保险丝 205

10.4　如何测试一个电池 206

10.5　如何测试一个加热单元 207

10.6　查找并替换损坏的元器件 207

　　10.6.1　测试元器件 207

　　10.6.2　去焊 208

　　10.6.3　元器件替换 208

10.7　如何回收有用元器件 209

10.8　如何再利用手机电源适配器.................................210

小结...210

第11章　工具...211

11.1　如何使用万用表（综述）.................................211

11.1.1　"通路测试"与二极管测试.........................211

11.1.2　电阻挡位...212

11.1.3　电容挡位...212

11.1.4　温度挡位...213

11.1.5　AC交流电压挡位...................................213

11.1.6　DC直流电压挡位...................................214

11.1.7　DC直流电流挡位...................................214

11.1.8　AC交流电流挡位...................................215

11.1.9　频率挡位...215

11.2　如何使用万用表来测试三极管.............................216

11.3　如何使用实验室电源.....................................217

11.4　简介：示波器...217

11.5　软件工具...218

11.5.1　仿真...218

11.5.2　Fritzing...218

11.5.3　EAGLE PCB..219

11.5.4　在线计算器.......................................220

小结...220

附录部分...221

工具...221

电子元器件...222

电子元器件的新手套装...222

电阻...222

电容...222

半导体...223

硬件及其他...223

功能模块...224

第 1 章

入门指南/准备开始

在第1章，我们将会探讨一些电子制作所需要的工具和技巧。本章会先介绍一点焊接知识，之后会教读者如何用导线连接一台旧计算机风扇来驱散焊接烟雾。

如书名所示，这本书介绍的是"hacking electronics"。单词"hack"有很多含义。但是在这本书里，"hacking"表示"进行制作"。不一定非要是电子工程专业的工程师才可以做电子发明。学习的最好方式就是亲手去做。你将会犯错，也会成功，这些宝贵的经历都会让你受益匪浅。

当你打算制作点什么的时候，你一定想要明白其中的原理。但是如果你没有良好的数学功底，传统的电子教科书看起来将会非常恐怖。本书致力于让读者先动手做一点东西，然后再去研究理论知识。

开始之前，你需要一些工具，还需要了解从哪里可以购买本书电子制作项目里用到的元器件。

1.1 购买东西

除了购买电子元器件与工具外，你还可以购买许多低成本、有意思的电子消费产品，这些电子产品可以被重新制作来完成新的功能，或者拆分成许多有趣的电子元器件。

1.1.1 购买电子元器件

尽管人们可以在当地电子元器件商店里购买元器件，比如美国的RadioShack和英国的Maplin商店，但是大部分的电子元器件都是在网上购买的。在传统的实体店内，产品的种类有限，价格偏高。但不管怎样，这些实体店为你提供了一个能够买电子元器件的地方。尤其是在某些突发情况下，你急需某个元器件，这些商店这时将会成为无价之宝。也许你弄坏了一个LED灯急需替换一个，或者也许你会想看看这些商店出售的音响。

有时，比起根据网页上的图片来估计元器件的大小，亲眼见到实物会更好。

当你进入电子的世界后，你会慢慢积累许多元器件和工具，在你开始一个新的项目时你将会用到它们。元器件相对便宜，因此，当我需要某一个元器件时，我一般会订购2个或3个甚至5个，保证我能够在手头上有额外的元器件以备未来使用。这样，你会发现当你开始做某个东西时，你也许已经有了你所需的大部分东西。

购买电子元器件取决于你在世界的哪里。在美国，Mouser和DigiKey是最大的电子发烧友的元器件供货商。事实上，它们两家在世界范围内都有销售。Farnell公司同样会提供给你任何你想要的元器件，无论你在哪里。

当谈到为你的电子制作项目购买现成的电子模块时，SparkFun、Seed Studio、Adafuit和ITead Studio网站将会很有帮助。它们都有许多不同种类的模块，浏览它们的在线目录也会非常愉悦。

几乎所有本书中使用的电子元器件都是来自于上述供货商。只有一些不常用的模块在eBay上买会更好。

在拍卖网站上还会有更多的电子元器件，其中许多来自于远东国家，通常这些元器件价格非常低廉。如果你想买特殊的元器件或者买在正规供应商处比较贵的元器件（如激光模块和大功率LED）时，拍卖网站将会是一个很好的选择。这些拍卖网站还很适合批量购买元器件。有时这些元器件质量并不是最上乘的。因此，你需要仔细阅读规格说明，做好心理准备，因为也许一批元器件中可能有些元器件运送到你手上时就已经坏了。

1.1.2 购物指南

现在你正着迷于进行电子制作，首先需要考虑的是这会影响你的住所和周围的朋友。你将会成为废旧电子元器件的收集者。在你新的"垃圾工人"身份里要保持密切关注，有时这些"废旧"东西还可以重新回收再利用。

另一个淘东西的地方是"一元店（美元）"，在里面可以找到电子产品货架，上面会有：手电筒、风扇、太阳能玩具、发光笔记本电脑冷却底座等。一元美金能买到的东西还真不少。你还会以低价找到电动机和LED阵列。

超市可以作为另一个廉价电子元器件的来源。比如说有用的小配件有：廉价计算机音响、鼠标、电源、收音机、LED手电筒和计算机键盘。

1.1.3 基本工具

不要认为你不动手做点东西就可以读完本章。你需要一些基本的工具。这些工具不需要很贵。事实上，当你刚开始做一些东西时，最好用一些便宜的东西去学，这样就算你搞砸了也无所谓。就好比你 开始学小提琴时，不会马上就使用一架史特拉第瓦里小提琴，而是在廉价的小提琴上练习。再说了，如果你一开始就买了一系列高精尖工具，那么在未来就少了许多期待。

有许多适合初学者的工具。你需要一个基本的电烙铁、焊料、电烙铁架、一些钳子、剪子和一两个螺丝刀。SparkFun 出售这一套用具（附录编码：SKU TOL-09465），去买一套或者找一套与它类似的套件来用。

你还将会需要一个万用表（见图 1-1）。本书推荐一个低价格的数字万用表（不超过 20 美元）。即使你最终买了更好的，你还会需要另外一个万用表，因为经常会需要同时测量多个参数。你需要的主要功能有直流（DC）电压测量，直流（DC）电流测量，电阻测量和通路测试。除了上述的功能，其他的功能都可以说是基本没用的，难得用到它们一次。去 SparkFun 上找找见图 1-1 所示的或者更好一点的万用表（附录编码：SKU TOL-09141）。

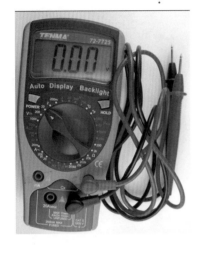

图 1-1　数字万用表

无焊接面包板（见图 1-2）适用于在焊接前，快速测试下你的电子设计是否能够满足设计需求。将元器件的管脚插入插孔，插孔背面的金属条将一竖列的插孔连接起来。无焊接面包板价格并不贵（附录编码：T5）。

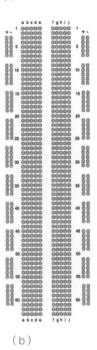

图 1-2　无焊面包板

（a）　　　　　　　　　　　（b）

你还需要一些不同颜色的固体焊芯导线（附录编码 T6），这些导线用来在面包板上建立连接。推荐再买一些带插头的特定用途导线。尽管它们很有用，但不是必备品。

面包板有各种各样的形状和大小，面积大的面包板会更有用。本书使用的面包板在附录的 T5 中列出。这种面包板有 63 行 2 列，在它的两侧还有用来连接电源的插孔。这种面包板安装在一个铝座上，铝座下方有橡胶垫脚可以防止它在桌上滑动。这种面包板很常见，许多供货商都会有类似的产品。

图1-2（b）所示为面包板塑料下方的导电金属带是如何分布的。同一个灰色区域内的一行有5个插孔相互连接。面包板两边的竖金属条是为电源使用的，一列是正极，另一列是负极。它们两边有两条线，红线代表正极，绿线代表负极。

1.2 如何剥线

我们从一些基础的电子制作技巧讲起，其中最基础的技巧就是剥线。

你需要

数　量	试　验　材　料	附　录　编　码
	导线	T9
1	钳子	T1
1	线剪	T1

只要进行电子制作，就需要用到导线，因此你需要知道如何使用导线。图1-3是经常会用到的几种类型的导线，图1-3中放置了一根火柴作为参照物。

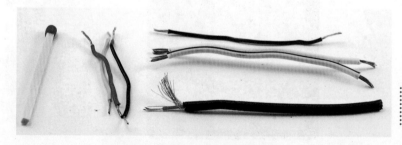

图1-3 常见几种类型的导线

在左边，紧挨着火柴的是3根实芯导线，也称作"单芯导线"。它经常在无焊接面包板上使用，这是由于它是由塑料包裹一个实芯金属线组成的，当不断弯曲后最终可能会断裂。是由一个单独的金属线制成的导线会很容易插进面包板的插孔中，因为它不像多芯导线一样聚成一束。

当使用实芯导线时，你可以购买已经剥好的导线套装（见附录，T6），也可以购买一卷导线剪成你想要的长度（见附录，T7，T8，T9）。建议拥有至少3种颜色的导线：红色，黄色和黑色的。使用红色当正极电源线，黑色当负极电源线，而黄色用于其他连接，这种习惯会帮助你更清楚的理解电路连接。

图1-3的右上方是一段多芯导线和一些双线多芯导线。当连接设计的各个模块时要用到多芯导线。举例来说，连接功率放大模块和扬声器的导线就可能是双线多芯导线。最好能够手头拥有些这样的导线。你可以从废旧电子产品上回收利用这种导线。如果购买新的导线，这种导线也不贵（见附录，T10，T11）。

图1-3的右下方是绝缘导线。这种导线会常出现在音响与耳机的引线上。这种导线有一个多芯绝缘导线的内芯，内芯外边又被一条屏蔽线包围。这类导线利用信号在内部导线中传递的方法避免外部环境产生的电噪声，如电源噪声（110V的设备产生60Hz的电气噪声）。这类导线内芯也有可能会是多条导线，例如，立体声音响的引线。

屏蔽导线对我们没有什么用处，除非我们能将它两头的绝缘层剥去，然后将它连接到电路中去。这个过程叫做"剥线"。你可以购买特殊的剥线器，剥线时调整到你希望剥线的直径。但是这需要你知道导线的横截面宽度。如果你使用的是从废旧电子产品上收集的导线的话，你就不知道导线的横截面宽度了。但即使不使用剥线器，如果你耐着性子使用钳子和线剪，一样可以做得很好。

上述这些都是电子制作者必备的工具。它们都很便宜。实际上，线剪使用久了可能会有凹槽，影响使用，因此建议买一些便宜（我通常花费2美元）的线剪并定期更换。

图1-4（a）和图1-4（b）展示了如何使用钳子与线剪来进行剥线。钳子用来固定住导线，而线剪才是做剥线工作的。

（a）　　　　　　　　　　　　　　（b）

图1-4　剥线

用钳子牢牢夹住导线的末端一英寸处［见图1-4（a）］。用线剪夹住你希望剥去的绝缘层部分。有时最好能先把绝缘层剪开一圈，然后再用线剪夹紧导线，向外拉将剪去的绝缘层脱去。［见图1-4（b）］

如果长的导线，在剥线时你可以不使用钳子来固定导线，而是将导线缠绕在你手指上就行了。

剥线需要一点耐心。有时你会用线剪夹得太紧而一下将整个导线都剪断了，而有时却因为用力太小没有将绝缘层剥去。在做重要的尝试之前，建议先用旧导线练练手。

1.3 如何通过扭线来连接导线

人们可以不通过焊接来将导线连接起来。虽然焊接能将导线永久连接，但是有时用扭线连接就行了。

最简单的接线方法就是将两根导线的内芯扭在一起。这种扭线方法比较适用于多芯导线而不是单芯导线，但是如果学会了如何合理地扭线，单芯导线也能稳定地连接在一起。

你需要

要通过扭线来连接两根导线（之后介绍的内容比你期望的要多），你需要：

数量	试验材料	附录编码
2	导线	T10
1	一卷PVC绝缘胶带	T3

你需要先剥线来让导体铜线露出来，如果你不知道怎么做，可以回看一下之前一节"如何剥线"。

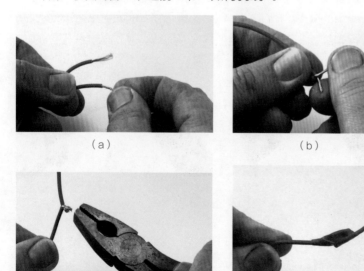

（a）

（b）

（c）

（d）

图1-5 使用扭线方法来将两根导线连接

图1-5(a)到图1-5(d)展示了扭线的整个过程。

首先，将每个导线的金属芯顺时针方向扭成一股［见图1-5(a)］。这可以将多芯导线的金属丝整理起来。然后，将两个扭好金属芯的导线扭在一起［见图1-5(b)］，使它们交互绕在一起。尽量要避免一根导线缠绕着第二根导线，但第二根导线却保持直立，因为这种扭线方法会使第一根导线很容易松动脱落。接下来，将连接的金属线扭成一个齐整的结［见图1-5(c)］。如果使用钳子会更容易将金属线扭成结，对于那些粗金属丝的导线尤其管用。最后，用PVC绝缘胶带缠绕四五圈将连接的节点封起来［见图1-5(d)］。

1.4　如何通过焊接来连接导线

焊接是电子制作必备的技能。

1.4.1　焊接安全

当你全神贯注于电子制作之中时，我不希望扫你兴，但是请注意焊接安全，熔化的金属有着非常高的温度。不仅如此，熔化的金属还伴随着有害烟雾。骑摩托车的人终有一天会从它上面摔下来，这是规律，常做焊接的工程师也会不小心灼伤他们的手指。因此，要格外小心并遵守以下安全建议。

- 当你没有在焊接东西的时候，一定要把电烙铁放回电烙铁架上。如果你就把电烙铁放在工作台桌面上，早晚它都会滚下来。或者也许你用手拿着导线焊接，不小心导线掉了，你下意识的要去捡起这段导线时，会不小心碰到导线刚才在焊接时加热的一端而被烫伤。如果你边一手拿着电烙铁一边去找准备焊接的元器件，早晚你都会烧伤你的手或者其他的贵重东西。

- 佩戴一副安全眼镜。一些熔化的焊料有时会飞溅出来，尤其是当你在焊接某个处在拉力下的导线或元器件时。你绝不会希望一滴熔化的焊料飞溅到你眼睛里来。如果你是远视眼，老花镜也许看起来不好看，但是它们却有双重功能：保护你的眼睛，让你看清东西。

- 如果你还是不小心灼伤了自己，把灼伤的皮肤浸泡在凉水中至少一分钟。如果灼烧伤口严重，需要及时就医。

- 在通风的房间焊接，最好再放一个小风扇对着窗户吹，把焊接烟雾驱散。之后本书会介绍一个能够练习你焊接技巧的小项目，你将学会如何使用一台旧计算机制作一个风扇（见1.6节）。

1.4.2　你需要

练习焊接技巧，你需要以下材料：

数量	试验材料	附录编码
2	导线	T10
1	一卷PVC绝缘胶带	T3
1	焊接套装	T1
1	机械手（可选）	T4
1	咖啡杯（必选）	

在焊接过程中，机械手会非常有用。这是因为当你在焊接时，你总共需要三只手：一只拿着电烙铁，一只拿着焊料，还需要有一只手拿着你想要焊接的东西。一般来说，机械手就是用来拿住想要焊接的东西的。机械手包含一个小的加重支架，上面装有鳄鱼嘴夹，它可以固定物体并使物体离开工作台表面。

另一种方法是，稍微弯曲一下导线使要焊接的一端能够竖立起来。通常放置一个重物在导线上能够使其保持不动，比如说咖啡杯。

1.4.3　焊接

在我们动手将两根导线连接起来之前，让我们先关注一下焊接。如果你之前从未做过焊接，图1-6（a）到图1-6（c）展示了焊接的方法。

1. 确保你的电烙铁完全热起来。
2. 在电烙铁座潮湿的（不是湿透了的）海绵上擦拭电烙铁的焊头。
3. 拿一段焊料接触电烙铁的焊头来给它涂上一层焊锡［见图1-6（a）］。涂上焊锡之后，焊头会变得光亮。如果焊锡不熔化，那么也许是因为你的电烙铁还不够热。如果焊锡熔化成球状并且不会附着到焊头上，也许是因为电烙铁的焊头太脏了，你需要把焊头在海绵上擦拭几下。
4. 让电烙铁焊头接触导线，保持1~2秒［见图1-6（b）］。
5. 拿焊料接触电烙铁旁边的金属丝，焊料应该会熔化流向导线［见图1-6（c）］。

焊接也算作一门艺术。一些人天生就能焊接得非常干净整

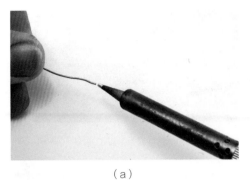

（a）

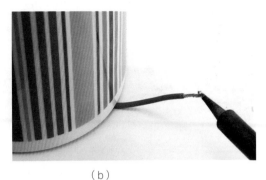

（b）

（c）

图1-6 焊接——给导线涂上焊锡

齐。如果你一开始做得满是斑点也别担心，之后你肯定会做得更好。你需要注意的是一定要先去加热你想要焊接的东西，并在它完全受热能够熔化焊料之后再使用焊料。如果你还不确定，建议可以在电烙铁焊头与焊接物接触的那个点上使用焊料。

下一节将会给你提供练习焊接的机会——焊接导线。

1.4.4 焊接导线

使用焊料连接两根导线，你可以使用与之前1.3节"**如何通过扭线来连接导线**"中介绍的相同方法来进行连接，然后让焊料流到两根导线打的结上。还有一种办法——可以避免形成过多的结块导线结——在图1-7（a）到图1-7（d）中展示出来。

1. 第一步是将每个导线的末端各自拧成一股。如果是多芯导线（a），像图示1-7（a）那样为导线内芯的金属丝涂上一层焊锡。

2. 把导线露出的金属丝并排放置，用电烙铁加热它们 [见图1-7（b）]。像拿筷子一样一只手拿住第二根导线与焊锡。

3. 把焊锡靠近导线，让两根导线合成一根，如同图1-7（c）所示一样。

4. 将连接点用3到4圈绝缘胶带缠绕起来——半英寸也许就够了 [见图1-7（d）]。

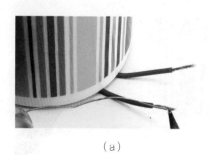

（a）

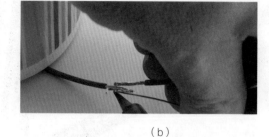

（b）

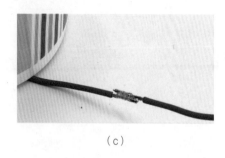

（c）

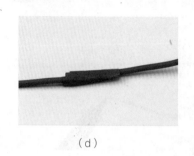

（d）

图1-7　使用焊接的方法来连接导线

1.5　如何测试连接

　　我们在之前一节"如何通过焊接来连接导线"中，很明显两根导线被连接起来了。但是，尤其是对于实芯导线，橡胶绝缘层下的金属芯断裂的情况并不少见。如果你有一把电吉他的话，你肯定会对坏掉的吉他引线十分熟悉。

你需要

测试焊接情况，你需要以下材料：

数量	试验材料	附录编码
1	万用表	T2
1	被测连接	

图1-8　"通路测试"模式下的万用表

　　几乎所有万用表都有一个"通路测试（continuity）"功能模式。当设置为通路测试模式时，如果引线相互连接，万用表则会发出"哔哔"声。

　　将你的万用表设置到"通路测试（continuity）"模式下，然后用红黑表笔同时接触引线。现在，拿一段导线试着用万用表的表笔接触导线的两端（见图1-8）。如果连接导通的话蜂鸣器会发出声音。

图1-9 测试印制电路板

你可以将"通路测试"技术应用到电路板上。如果你手头有一个旧电路板,试着测试一下在同一条电路印制板布线上的焊点是否导通(见图1-9)。

如果在本应导通的线路上测试出实际未导通,那么也许测试的焊点中存在有"虚焊",就是焊锡没有很好地流入,也有可能某条电路印制板布线断了(如果电路板发生了弯曲,会出现这种情况)。

遇到虚焊的情况,我们可以再使用一点焊锡来焊接并确保它流入了合适位置。对于电路板布线的断裂,可以将布线印记上方的涂漆剥去然后在裂缝处用焊料连接起来。

1.6 如何制作一台计算机风扇来驱散焊接烟雾

图1-10 自制烟雾驱散器

焊接烟雾会让人很不舒服并对人体有害。如果你焊接时能坐在窗户旁边会好很多。但是如果没办法在窗边焊接,这个能够增进你电子设计技巧的小项目将会非常有用(见图1-10)。

这个小设计不会让你获得什么杰出表现奖,而是可以安装在你的桌边(每当我焊接时旁边都会安装一台),它能帮你把焊接烟雾从你面前驱散。

1.6.1 你需要

数量	试验材料	附录编码
1	焊接设备	T1
1	旧计算机风扇(2根引线)	
1	12V的电源	M1
1	SPST单刀单掷开关	K1

1.6.2 电路搭建

图1-11是一个小型项目的电路原理图。

初学者看到这类电路原理图也许会有疑虑,觉得如果原理图能够直接将元器件按照它们在电路里的真实位置表示出来,导线该如何连接就如何连接而不是四四方方的不是更好吗,就好像图1-12一样。学习如何读懂原理图非常重要。读电路原理图不像想象中那么困难，长远来看它将带给你更多益处。尤其考虑到在网上还有非常多有用的电路原理图。读懂电路原理图有点类似于读懂乐谱。你当然可以用耳朵倾听然后演奏，但是如果你学会如何读懂并创作乐谱你将能做得更好。

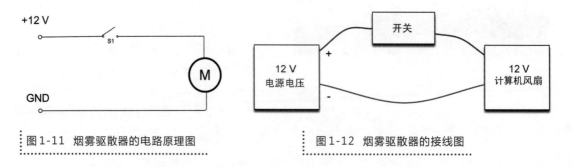

图1-11　烟雾驱散器的电路原理图　　　　　　　　图1-12　烟雾驱散器的接线图

　　因此，让我们仔细看看这个电路图。在左边有"+12 V"和"GND"两个标注。"+12 V"代表12 V电源提供的正12 V电压。"GND"实际上表示电源负极连接。GND是英文单词"ground（地线）"的缩写，代表0 V。电压是相对概念，因此电源的12 V接头表示它比另一接头（GND接头）高出12 V电压。我们将会在下一章学习更多关于电压的知识。

　　接着向右边看，有一个开关符号。符号名称是"S1"，如果在一张电路图上有多个开关，它们可以标为"S2"，"S3"等。开关的标识显示了它是如何工作的。当开关处在"闭合"的位置，它的两个接头就会连接起来；当开关处在"打开"状态，接头断开。就是这么简单。

　　开关用来控制流向风扇内电动机的电流，就好像一个水龙头阀门一样。

第一步，剥去电源引线

　　我们有一个供电电源，我们将要把它的插头给剪掉，然后进行剥线（见1.2节"如何剥线"）。在你剪去插头之前，确保电源没有接通。否则，如果你同时剪断两根导线，剪刀就有可能把两根导线短接起来，这会对电源造成伤害。

第二步，确认电源引线的极性

　　剪断电源接头后，我们需要知道哪根导线是正极哪根导线是负极。使用万用表可以帮我们分辨出来。把万用表设置到20V DC挡上。你手上的万用表也许有两个电压测试挡位，一个是直流电（DC）一个是交流电（AC）。你需要用DC直流电挡位。DC的标识通常是两条横线，上面是实线，下面是虚线。AC挡位可能会直接标出AC或者是一个正弦波的标识。如果你选了AC而不是DC，万用表不会有任何损坏，但是万用表的读数是没有任何意义的。（如果你想了解更多知识请见11章"工具"。）

　　首先要确保已经剥完线的引线相互没有接触，之后将电源插电并打开电源。

　　然后，用万用表的红黑表笔去接触电源的两个剥好的引线（见图1-13）。如果万用表上显示的数字为正值，那么就表示万用表红表笔连接的引线为正极。把这根引线标记一下（我是打了个结）。如果万用表显示的是一个负值，那么万用表黑表笔连接的引线为正极，因此把万用表黑表笔连接的导线打一个结。

图 1-13　使用万用表来判断电源导线的极性

第三步，连接负极导线

　　拔去电源插头。你在任何时候都不应该焊接一个通电的东西。将旧计算机风扇上的插头剪断，并把两条导线剥开。我使用的这个风扇有一个黑色（负极）与一个黄色（正极）的引线。具有三根导线的风扇会更加复杂一点，最好避免用它来做这个设计。如果你接反了这两根引线，对你来说也没什么危险。风扇只不过以相反方向旋转罢了。

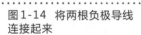

图 1-14　将两根负极导线连接起来

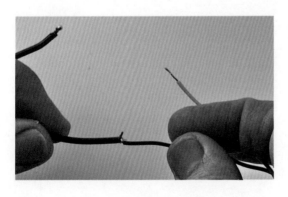

　　你现在要做的是把风扇负极引线（没有打结）连接到电源的负极引线（没有打结）上（见图1-14）。

第四步，把正极线连接到开关上

　　将电源的正极线焊接到开关左右两边的引脚上（无论哪个都可以）（见图1-15）。在焊接前，熔化一点焊锡涂在开关引脚上会很有帮助。

图 1-15　将电源正极引线连接到开关上

最后，把风扇剩下的那根引线连接到开关中间的引脚上（见图 1-16）。

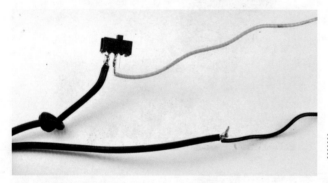

图 1-16　将风扇连接到开关上

第五步，试试看

把裸露的连接点用绝缘胶带包裹上，插上电，打开电源，当你拨开开关时，电扇也跟着转了起来。

小结

学习完本章后我们掌握了一些基础知识，对于焊接，导线和开关更加了解了，接着我们将进入第 2 章。在第 2 章，我们会先来看看电子元器件，同时还会了解一些基本原理来帮助我们顺利进行电子制作。

第 2 章

理论与实践

学习一些理论基础知识能够帮助我们充分利用手上的电子元器件。本书不想灌输给你过多理论，因此你可以在以后当你需要用到这些知识的时候再回过头来看。不过在我们开始学习任何理论之前，让我们先来认识一下我们需要用到的元器件吧。

2.1 如何收集一个电子元器件入门套装

在第1章中，我们收集了一些工具然后做了焊接。我们仅用到了一台废旧的计算机风扇，一个现成的电源和一个开关进行电子制作。

你会发现有一些元器件会经常重复使用。你需要一个基本电子元器件库，我建议可以买一个新手套装。SparkFun 就出售这类套装（见附录，K1），但是套装里不包含任何电阻，因此你需要再购买一个电阻套装（见附录，K2）。一旦这些都准备好了，你就拥有了一个有用的元器件集，它能覆盖你需要用到元器件的80%。

其他供应商也出售新手套装，但是无论是哪家都不可能包含所有本书需要用到的元器件，大多数新手套装都会给你一个好的开端。

你需要

SparkFun 新手套装中包含了以下内容，其中标记"*"的元器件是本书中直接用到的，因此如果你打算买另一种套装，最好找一个能够包含大部分带有星号元器件的套装。另外，还可以在附录中看看本书用到的其他元器件来进行选择。

数量	试验材料	数量	试验材料
10	0.1 μF 电容*	3	20 管脚排针*
5	100 μF 电容*	3	迷你电源开关*
5	10 μF 电容*	2	按键开关*
5	1 μF 电容	1	10 kΩ 电位器*
5	10 nF 电容	2	LM358 运算放大器
5	1 nF 电容	2	3.3 V 稳压器
5	100 pF 电容	2	5 V 稳压器*
5	10 pF 电容	1	555 定时器*
5	1N4148 二极管	1	绿色LED*
5	1N4001 二极管*	1	黄色LED*
5	2N3906 PNP 三极管	1	红色LED*
5	2N3904 NPN 三极管*	1	七段码红色LED
5	20 管脚排母	1	迷你光电管*

另外 SparkFun 电阻套装（见附录，K2）包含了如下阻值的电阻：

0 Ω，1.5 Ω，4.7 Ω，10 Ω，47 Ω，110 Ω，220 Ω，330 Ω，470 Ω，680 Ω，1 kΩ，2.2 kΩ，3.3 kΩ，4.7 kΩ，10 kΩ，22 kΩ，47 kΩ，100 kΩ，330 kΩ，1 MΩ

2.2 如何识别电子元器件

那么，看看我们都买了些什么。本书会——介绍 SparkFun 新手套装里的元器件，解释它们都有什么功能。让我们从电阻开始吧。

2.2.1 电阻

图2-1是各式各样的电阻。不同尺寸的电阻用在不同的电压下。大功率电阻会产生更多的热量，因此物理尺寸会大一点。"局部发热"的情况在电子设计里很不好，因此我们必须尽量避免这种现象的发生。大多数情况下，我们都可以使用 SparkFun 套装里的 0.25 W 的电阻，这种电阻很适合于一般用途。

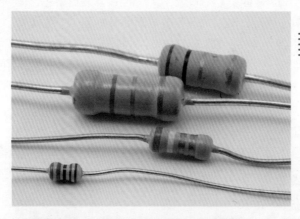

图2-1 各式各样的电阻

电阻不仅有一个最大额定功率，同时还有一个"电阻值"。正如"电阻值"的名称一样，电阻值是对电流流动的阻力。因此在相同电压下，流过高阻值电阻的电流会小，而流过低阻值电阻的电流会大。

电阻是你能找到的最经常使用的电子元器件。由于我们会经常使用它们，我们会在本章"什么是电流，电阻和电压？"一节中进行更深入的了解。

电阻上画有小的条纹来表示它们的阻值。你可以学习如何阅读这些条纹（稍后介绍阅读的方法），你还可以把它们储存在袋子或者抽屉里，并在袋子或抽屉上标注它们的阻值。如果不确定电阻的阻值，可以用万用表上电阻测量挡位来测量一下。

然而，了解电阻色环是极客们必备的一项技能。每种颜色都有一定的数值对应，如下表所示：

颜色	数值
黑色	0
棕色	1
红色	2
橙色	3
黄色	4
绿色	5
蓝色	6
紫色	7
灰色	8
白色	9
金色	1/10
银色	1/100

金色和银色，代表小数1/10和1/100，同时也表示了电阻误差范围。金色为 ±5%，银色为 ±10%。

通常都由三个色环组成一组位于电阻的一端。之后是一个间隔，间隔后是一个位于电阻另一端的单色环。单色环表示电阻的误差范围。由于本书中的项目都不需要使用非常精确的电阻，因此，没有必要根据电阻的误差范围来选择所用的电阻。

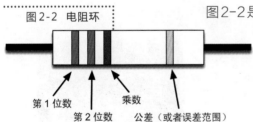

图2-2　电阻环

第 1 位数

第 2 位数

乘数

公差（或者误差范围）

图2-2是色环的分布情况。电阻的阻值仅需要左边三条色环来确定。左边第一条色环表示首位数，左边第二条色环表示第二位数，左边第三条色环表示"乘数"，即在首位数字，次位数字之后有多少0。

因此，一个270 Ω（欧姆）的电阻用电阻环来表示就是第一位数2（红色），第二位数7（紫色）以及10的1次方（棕色）。同样，一个10 kΩ 的电阻上画有棕色，黑色和橙色（表示10 000）的色环。

除了定值电阻，还有一类电阻是可变电阻（叫做电位器或者变阻器）。在音量控制中使用这种电阻会非常方便，旋转旋钮可以调节电阻阻值，从而改变音量的大小。

2.2.2 电容

当进行电子制作时，偶尔会用到电容。幸运的是，你不需要对它们的功能了解得很详细。电容通常是用来预防问题的出现。

它们通常用来防止电路出现问题，比如电路的不稳定和有害的电气噪声。这类用途的电容被称为"解耦电容"或者"滤波电容"。有一些简单的定律可以指导你了解哪里需要用到电容。我们以后在其他章节遇到了这些定律会强调出来。

你一定会对电容感到很好奇，电容储存的是电荷，有点像电池一样，但是不会储存很多电荷，它们可以储存电荷并很快释放它。

图2-3是各种类型的电容。

如果你仔细看左边第二个电容，你可以在它上面看到数字103。它的单位是皮法代表了电容的容值。电容的单位是法拉，用字母F表示，但是1 F容值的电容其实是非常大的，它可以储存非常多的电荷。因此，虽然真的存在这样的"猛兽"电容，但是日常使用的电容是以纳法（nF = 1/1 000 000 000 F）或者微法（μF = 1/1 000 000 F来计量的。你还可以见到一些以皮法为单位的电容（pF = 1/1 000 000 000 000 F）。

图2-3　各式各样的电容

我们再回到第二个电容的103数值上。就和电阻一样，这表示10后面跟着3个0，以pF为单位。所以这里就表示10 000 pF或者10 nF。

大的电容，就像图2-3右边的两个，被称为"电解电容"。它们通常以μF为单位，并在电容上标注了容值。它们还会有正极负极之分，与大多数电容不同，这些电容必须按照正负极方向正确地连接到电路里。

图2-4是一个大的电解电容，它的容值是1 000 μF，图片的底部清楚地标注了负极引脚。如果电容一个引脚比另一个长，那么长的那根引脚一般来说都是正极引脚。

图2-4上的电容上还标注了电压值(200 V)。这是电容的最大电压。因此如果你在它的引脚之间加了超过200 V的电压，电容就会坏掉。类似图中的

图2-4　电解电容

大电解电容坏掉的时候是出了名的"绚烂华丽"，它也许会爆炸，向外喷出黏性物。

2.2.3 二极管

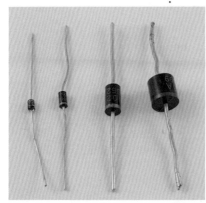

图2-5　各式各样的二极管

偶尔你也会用到二极管。它们就好像是单向的阀门一样，只允许电流流向一个方向。因此它们经常被用来保护敏感元器件不受意外反向电流影响而损坏。

二极管（见图2-5）的一端有一个条状标志。这一端叫作阴极，另一端叫作阳极。

和电阻一样，二极管的物理尺寸越大，它能承受的电压就越大，如果电压过大它会因严重发热而损坏。百分之九十的情况下，你只需要使用一个或二个如左图所示的二极管。

2.2.4 LED

LED会发光，通常还挺好看的。图2-6是各式各样的LED。

LED有些敏感，因此你不能将它直接连接在电池上。你需要给它连接一个电阻来减小流过LED的电流。如果你没有这样做，LED会一下就坏了。

图2-6　各式各样的LED

在后面章节，我们会学习如何选择合适的电阻来限制流过LED的电流。

就像一般的二极管一样，发光二极管有一个正极一个负极（阳极与阴极）。阳极是LED两个引脚中长一点的。在LED阴极一边也会有一个小的平面作为记号。

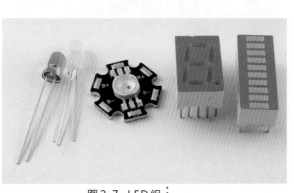

除了单独的一个发光二极管外，你还可以将多个LED封装成更加复杂的样式。图2-7是一些有意思的LED组。

从左向右看，这些发光二极管组分别是紫外线二极管，位于同一封装里的红绿二极管，能够产生所有颜色光的大功率RGB(红色，绿色，蓝色)二极管，七段码LED显示屏,LED柱状图显示器。

图2-7　LED组

这些仅仅是LED家族中的一小部分。还有很多种类的LED可供使用。在后面的章节里，我们还会介绍一些独特的LED。

2.2.5 三极管

在音频放大器等很多情况下，都会用到三极管，对于业余的电子爱好者，可以把三极管当成一个开关。但是不同于传统依靠按钮控制的开关，三极管是由一个小电流来控制大电流的开关。

一般来说，三极管的物理尺寸大小（见图2-8）决定了由它控制的电流最大值。如果超过了这个最大值，三极管会冒烟并报废。

图2-8　各式各样的三极管

图2-8里的三极管中，最右边两个三极管是专用的大功率三极管。

大体来说，如果一个元器件看起来比较难看同时还有三只管脚，那么很有可能就是某种三极管。

2.2.6　集成电路

集成电路，或者称为"芯片"，是指印制有许多三极管和其他电子元器件的硅晶圆。集成电路的用途多种多样。它可以是一个微控制器（迷你计算机），或者是一个完整的音频放大器，还可以是一个计算机内存，等等。

集成电路让生活变得简单，因为正如大家经常所说的，"可以使用某芯片来实现这个功能"。事实确实如此，如果你想进行某个项目制作，也许已经有了具备这个功能的芯片，就算没有，可能也会有通用芯片来让你在它的基础上进行电子制作，缩短设计周期。

图2-9　集成电路

集成电路IC看起来像小虫一样（见图2-9）。

2.2.7　其他元器件

还有许多其他的电子元器件我们会很熟悉，比如电池，开关。另一些可能会陌生一点，比如电位器（在声量控制中的可变电阻）、光电晶体管、旋转编码器、光控电阻等。在之后的章节中我们遇到这些元器件时会详细介绍。

2.2.8　表面贴装元器件

让我们稍微介绍一点表面贴装元器件（英文缩写：SMDs）。这些元器件其实就是电阻、三极管、电容和集成电路等，只不过它们被封装得体积更小，人们可以使用机器将它们焊接在电路板的表面上。

图 2-10　各式各样的表面贴装元器件

图2-10是各种各样的表面贴装元器件。

图中的火柴展示了这些元器件到底有多小。用手来焊接表面贴装元器件是完全有可能的，但是你需要一个高质量的电烙铁并保持手很稳。更不用说还需要很多耐心。你还需要能够制作电路板，因为表面贴装元器件在面包板和其他原型设计工具上用起来很困难。

本书中，我们使用传统的通孔元器件而不用表面贴装元器件。但是，随着你经验的增长你也许会发现表面贴装元器件用起来挺好，所以别害怕尝试使用它们。

2.3　什么是电流、电阻和电压？

电压，电流和电阻是电子设计中最基本的三个参数。它们紧密联系，如果你能掌握它们之间的关系，你肯定会成为一个聪明的电子设计者。

请花点时间来读一读并理解这一点理论知识。一旦你理解了，许多问题都会迎刃而解。

2.3.1　电流

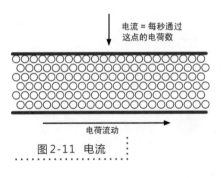

图 2-11　电流

我们面临的难题是我们没有办法用肉眼看到电子，因此你必须想象电子是如何工作的。我习惯于将电子想象成为流过管子的小球。物理学家读到这里也许会抓狂或者讨厌得把这本书狠狠扔在地上。但是我觉得这种类比的方法很有用。

每个电子都带电荷，并且数量一样。电子越多，电荷就越多；电子越少，电荷就越少。

电流，就像河水中的水流一样，是通过测量每秒通过了多少电荷来计算的（见图2-11）。

2.3.2　电阻

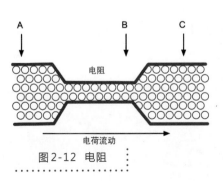

图 2-12　电阻

电阻的作用是为电流的流动增加阻力。如果我们把电流比作河流的话，电阻就像是突然变窄的河道（见图2-12）。

电阻减少了通过某点的电荷数量。这与你在哪一点测量无关（A点、B点或者C点），这是因为如果你向电阻的"上游"看，电荷在排队等着通过电阻。因此，每秒通过 A 点的电荷数量就减少了。在电阻（B 点）中，电荷的流动受到了限制。

"速度"的概念并不适用于电子。但是很重要的一点是无论你在哪点测量电流，电流值都会是一样的。

想象一下当一个电阻阻止了太多电荷流过 LED 会发生什么情况。

2.3.3 电压

电压是欧姆定律里面最后介绍的一个参数（之后我们会讲到欧姆定律）。如果我们还使用"水流"的概念来类比电流的话，电压就好比是水流在特定的两点距离内下降的高度（见图 2-13）。

众所周知，水流湍急的河流河面高度会下降得较快，而在相对倾斜的不厉害的河里，河水也会舒缓一些。

这个类比可以帮助我们理解电压的概念。这就是说，河水从 10 000 ft 流到 5 000 ft 和从 5 000 ft 流到 0 ft 其实是一样的，落差是一样的，因此河流流水的流量也是一样的。

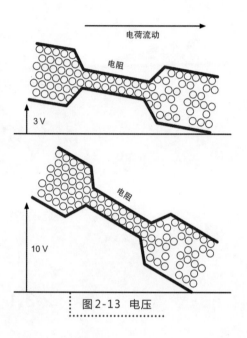

图 2-13 电压

2.3.4 欧姆定律

在我们给出欧姆定律的数学公式之前，让我们自己先思考一下电流、电压和电阻之间的关系。

试试把电流当作水流，这也许会有点帮助。

1. 如果电压增高，那么电流会（a）增大还是（b）减小？

2. 如果电阻增加，那么电流会（a）增大还是（b）减小？

这两个问题你都回答正确了吗？

如果你把这种关系写为公式，这个公式被称为欧姆定律，可以写作：

$I = V/R$

I 代表电流（我猜没有用字母 C 表示可能是因为字母 C 已经有其他的意义了），V 代表电压，R 代表电阻。

那么流经电阻或电阻连接的任何一条导线的电流就是电阻两端的电压值除以电阻的阻值。

电阻的阻值以 Ω 表示（欧姆 ohms 的简写符号），电流的单位是 A（安培 amperes 的缩写），电压的单位是 V（Voltage 的缩写）。

这样，两端加有 10 V 电压的 100 Ω 电阻上流经的电流为：

10 V/100 Ω = 0.1 A

方便起见，我们通常用 mA（毫安）来表示 1 A 的 1/1 000。因此 0.1 A 就是 100 mA。

欧姆定律的内容我们就介绍到这里，我们之后还会遇到它。欧姆定律是你在电子设计中最有用的定律。在下一节，我们会介绍另一个需要用到数学知识的参数——功率。

2.4　什么是功率？

功率与能量和时间相关。因此，从某些角度来看它与电流有些类似。但是，电流是通过某点的电荷数量，而功率是当电流流过某些阻碍电流流通的元器件（比如电阻）时，每秒将能量转化成热量的数量。不要用河水类比，这不适用于功率。

对电流的阻碍会产生热量，产生的热量可以用电阻两端的电压乘以流经电阻的电流来表示。功率的单位是瓦特（W）。你可以将这个公式写为：

$P = I \times V$

那么，对于我们之前举的例子，我们有一个两端加了 10 V 电压的 100 Ω 电阻，流经电阻的电流为 100 mA，它会产生 0.1 A × 10 V，即 1 W 的功率。我们买的 SparkFun 套装里的电阻是 250 mW（0.25 W），如果在 1 W 的功率下工作会发热并最终报废。

如果你不知道电流是多少，但是知道电阻的阻值，计算功率的另一个有用公式是：

$P = V^2/R$

功率是电压的平方除以电阻。因此，之前的例子可以这样算出：

$P = 10 \times 10/100 = 1\ W$

这也再次验证了我们之前得到的结果是正确的。

大多数电子元器件都有一个最大功率，所以当选择电阻、三极管、二极管等元器件时，应该简单估算一下额定功率，将元器件两端的电压乘以你设计的流过这个元器件的电流估算值。然后，选择一个最大功率稍微大于估算功率的元器件。

功率是计算使用了多少电能的最好方法。功率表示的是每秒使用的电能，不同于电流，即使两个不同的电子产品，一个工作在 110 V 电压下，另一个工作在低电压下，依然能够使用功率来进行对比。最好了解一下一个电子器件到底使用多少电量。表 2-1 展示了一些常见的家用电器所消耗的电能。

表2-1 常用电器设备功率

电 器 设 备	功 率
电池供电的FM收音机（放低音量）	20 mW
电池供电的FM收音机（提高音量）	500 mW
Arduino Uno 微处理器电路板（9V电压供电）	200 mW
家用WiFi路由器	10 W
节能（低功耗）荧光灯	15 W
灯丝灯泡	60 W
40 in 液晶显示屏电视	200 W
电热水壶	3 000 W（3 kW）

看完这个表之后，你应该懂了为什么买不到电池供电的电热水壶了。

2.5 如何阅读电路原理图

电子设计制作免不了要在互联网上搜罗信息，找一些与你设计类似的别人已经完成的项目，在这基础上来制作或者修改。你经常会通过电路原理图来指导你如何制作并使用这个电路。因此你需要学习如何读懂原理图来把它们转化为实际的电子设计。

你可能一开始看电路原理图会一头雾水，十分沮丧，但其实电路原理图会遵循一些重复出现的特定规律。因此，需要学习的其实不会像你想象的那么多。

结合我们所讲的电路规律来仔细观察图2-14——更确切的说——有时电路并不会遵守这些规律。

图2-14很好的说明了为什么我们有时会把电路称为"电子回路"。电路构成一个回环。电流从电池正极流出，通过开关（当开关闭合时），流经电阻和LED灯（D1），然后流回了电池。电路图上的导线可以被视为没有电阻的理想导线。

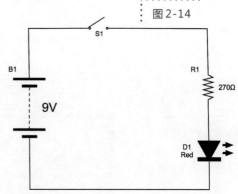

图2-14

2.5.1 电路原理图的第一个规则：正电压置上

人们约定俗成，当画电路图时，习惯将高电压放在顶端，在图2-14中左边，有一个9 V的电池。电池的底部是0 V或者接地GND（地线），而电池的顶部比底部高出9 V。

注意我们将电阻R1画在LED（D1）的上方。这样，我们可以看作电阻降低了一部分电压，接着剩余的电压被二极管降低为 0，电流流入电池的负极。

2.5.2 电路原理图的第二个规则：从左到右

西方文明开创了电子学，他们同时还习惯与从左向右书写。你习惯于从左边读到右边，还有其他事情也是习惯于从左向右的。电子设计也一样，因此人们习惯于将电路的电力来源——电池或者电源画在左边——然后沿着从左到右的方向画出电路图来。

因此，下一步我们画出开关，用它来控制电流的流通，然后画出电阻和LED。

2.5.3 名称与数值

一般都会为电路原理图里的每个元器件起一个名字。那么，在这个例子中，电池组被称为B1，开关S1，电阻R1，LED称为D1。这就意味着，当你将电路原理图转化为面包板的布板并最终变为电路板时，你可以清楚地看出原理图中的哪个元器件对应面包板或者电路板上的哪个元器件。

通常还会在合适的位置标出每个元器件的数值大小。比如，在这个例子中电阻的大小为270 Ω，并在电路图上标注了出来。其余的元器件不需要其他的标注。

2.5.4 元器件符号

表2-2列出了你将会遇到的最常见的几种电子元器件符号。这个表中没有举出全部例子，但是我们会在本书后面的内容里介绍其他的符号。

现今人们使用的主要有两种电路符号：美式的和欧式的。但幸运的是，它们之间很相像，辨认起来不难。

在本书中，我们使用美式电路符号。

表2-2 常见电路原理图符号

元器件符号（美式）	元器件符号（欧式）	照片	元器件名称	用途
 〜	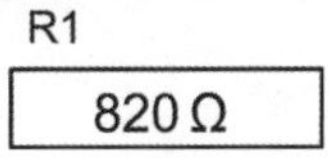 R1 820 Ω		电阻	阻碍电流流动
 ⊥	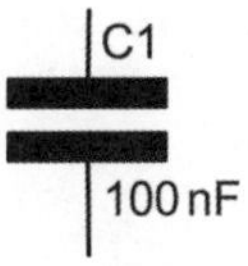 C1 100 nF		电容	临时储存电荷

续表

元器件符号（美式）	元器件符号（欧式）	照片	元器件名称	用途
			电容（带极性）	
			三极管（双极性NPN）	用小电流来控制大电流的开断
			三极管（MOSFET N-channel）	用一个非常小的电流来控制一个大电流
			二极管	防止电流流向错误方向
			LED	指示与照明
			电池	供电
			开关	闭合与打开；控制电流

小结

　　在下一章，我们会对一些基本的电子设计做实际的指导，来磨练下搭建电路的能力。这涉及使用原型电路板和一些焊接操作，这要比之前焊接两根导线难一点。

　　我们还会学习如何使用无需焊接的面包板，这能让我们快速搭建起一个电路，帮助我们开始自己的电子设计。

第 3 章

基础电路设计与制作

这一章包含了一系列的基础电路制作方法。这些方法用到了不同的电路制作技术。因此这一章需要你至少浏览一遍，以便于当你以后尝试制作更加复杂的电路时，你可以回头看看这一章的内容作为参考。

3.1 如何让一个电阻发热

有时候当你在制作电子设计时，元器件会发热。但是这个发热最好是我们有意设计的，而不是意外发生的，因此在这个方面值得我们做一点试验研究一下。

3.1.1 你需要

数量	试验材料	附录编码
1	100 Ω 0.25 W 的电阻	K2
1	4 节 AA 电池的电池座	H1
1	4 节电池（最好为可充电电池）	

图 3-1 是这个加热电路的原理图。

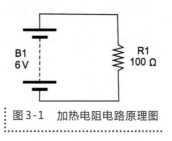

图 3-1 加热电阻电路原理图

3.1.2 试验

我们所需要做的就是将 100 Ω 的电阻连接到电池的两端来看看它能达到什么温度。

注意 在做这个试验时需要小心，因为电阻的温度能够达到 50 ℃/122 ℉。但是电阻的管脚却不会非常热。

我们使用一个可以安装 4 节电池的电池座，每一节电池提供 1.5 V 的电压。它们首尾相接，总共能够提供 6 V 的电压。图 3-2 以原理图的方式展示了电池座里的电池是如何连接的。电池的这种排列方式，被称为"串联"。

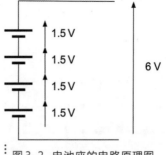

图 3-2　电池座的电路原理图

图 3-3 是正在工作的电阻加热器。把指头放在电阻上来看看它是不是变热了。

这种发热现象是好还是坏？电阻会因为持续发热而报废么？（译注：也不能过热。）答案是不会。电阻在当初设计时就把发热因素考虑进去了，它能够承受一定的热量。如果我们用公式来计算一下，电阻发热时的功率是电压的平方除以电阻的阻值，即：

$$(6 \times 6)/100 = 0.36 \text{ W}$$

如果这个电阻是一个最大功率 0.25 W 的电阻，那么实际功率就超过了额定最大功率。这种设计非常不适合大规模生产某个产品。但是我们这里的设计不是生产某个产品，只是做个试验罢了，电阻将会继续工作无限地发热。

图 3-3　加热一个电阻

3.2　如何使用电阻来分压

有时电路某处的电压会过大。比如说，在 FM 调频收音机里，信号从无线电部分传输到音频放大器部分，这个信号故意被放大到很大以便于使用者可以使用音量旋钮来减小它。

另一个需要降压的例子是，你手上有一个传感器可以产生 0～10 V 的电压，但是你希望把它连接到一个仅支持 0～5 V 的 Arduino 微处理器接口上。

电子设计中经常使用的降压方法是用一对电阻（或者一个可变电阻）来作为"分压器"。

你需要

数量	试验材料	附录编码
1	10 kΩ 可调电位器	K1,R1
1	不需焊接的面包板	T5
	焊芯跨接线	T6
1	4 节 AA 电池的电池座	H1
1	4 节 AA 电池	
1	电池夹子	H2
1	万用表	T2

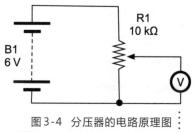

图3-4　分压器的电路原理图

图3-4是这个试验的电路原理图。这里有几个我们之前没见过的电路原理图符号。首先是可变电阻（或称作电位器）。这个可变电阻看起来像一个电阻的符号，但是多了一个指向电阻的箭头。这是可变电阻上的可移动滑块。

第二个陌生的电路符号是一个里面带有字母V的圆圈。它表示一个电压表，在这个试验中，我们把放在直流DC电压挡的万用表当作电压表使用。

我们使用的可变电阻器有3个管脚。可变电阻器的导电轨道两端各有一个固定管脚，第三个管脚位于中间的可移动滑块上，这个滑块可以从导电轨道的一端移动到另一端。可变电阻器的阻值总大小为10 kΩ。

我们打算使用大约6 V的电池组来供电。用万用表来测量输出电压，看看这个电压被我们的分压器降低了多少。

如果你还记得的话，我们在之前的章节中讲过面包板上灰色的横杠的作用是表示在同一横杠下的过孔是相互连接的。多花点时间检查一下面包板上的连接，要保证与原理图（见图3-4）完全一致。

按照图示把电位器插入面包板，然后仔细地将电池的正负极引线插入面包板的正负极（+,-）插孔中：红色导线插到正极（+）处，黑色导线插到负极（-）处。如果电池盒的多芯导线不容易插入面包板的过孔中，可以在多芯导线的末端焊接一小段实芯导线。

将电源正极与电位器最上端的引脚连接起来，再将电源负极与电位器最下端的引脚连接起来。最后，接上万用表。如果你的万用表上有鳄鱼夹，使用鳄鱼夹要比探针更好，用鳄鱼夹夹住一段跨接线的末端，然后将跨接线的另一端插入如图3-5所示的位置。这些全部完成后，面包板应该与图3-6（a）和图3-6（b）相似。

图3-5　分压器电路的面包板布局图

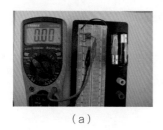（a）　　　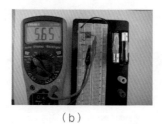（b）　　　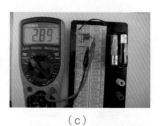（c）

图 3-6　面包板上的分压器电路

旋转电位器到它的顺时针最大位置。万用表上的读数应该是 0 V[见图 3-6（a）]。现在将电位器沿着逆时针位置旋转到最大位置，这时万用表的读数应该是 6 V 左右（见图 3-6b），也就是电池的供电电压。最终，旋转电位器到大概中间的位置，这时万用表的读数大致是 3V[见图 3-6（c）]。

图 3-7　固定电阻分压器

可以将电位器等效为图 3-7 中的两个电阻 R1 与 R2。

已知 V_{in}, R1, R2 的值，计算输出电压 V_{out} 的公式如下：

$$V_{out} = V_{in} \cdot R2 / (R1+R2)$$

因此，如果 R1 与 R2 都是 5kΩ 并且 V_{in} 为 6 V，那么可得：

$$V_{out} = 6\,V \times 5\,k\Omega / (5\,k\Omega + 5\,k\Omega) = 30/10 = 3\,V$$

这个结果与我们试验中将电位器旋转至中间时的输出电压测量值相符。将电位器旋转至中间时就等效于使用两个 5 kΩ 的固定电阻。

正是由于电子设计中常会涉及很多计算，人们发明了便捷的计算工具。在任意搜索引擎里输入"分压器计算器（voltage divider calculator）"都可以找到这些计算工具。你还可以访问下面这个网站来使用这个"分压计算器"：www.electronics2000.co.uk/calc/potential-divider-calculator.php.

这些"分压计算器"通常还会匹配出最接近计算结果的可用固定电阻阻值。

3.3　如何将电阻转换成电压？（并制作一个测光计）

LDR（英文全称为 light-dependent resistor）即光敏电阻，也叫感光电阻器。光敏电阻的阻值取决于照射在它透明窗口的曝光量。我们将会使用一个光敏电阻来展示如何将电阻转化为电压，在这个电路中，光敏电阻会作为分压器两个电阻中的一个来使用。

你需要

数量	试验材料	附录编号
1	光敏电阻	K1,R2
1	无需焊接的面包板	T5
	实芯跨接线	T6
1	4 节 AA 电池的电池座	H1
1	4 节 AA 电池	
1	电池夹	H2
1	万用表	T2

　　在面包板上搭建电路之前，让我们先直接用光敏电阻做个试验。将万用表调至 20 kΩ 电阻测量挡位，然后直接将光敏电阻连接到红黑表笔上，如图 3-8 所示。从图中可以看出，图中的光敏电阻的阻值为 1.07 Ω。把手放在光敏电阻上遮挡住一部分光线，我们会发现电阻增加了几十千欧。这就是说，光敏电阻受到越多的光照射，阻值就会越低。

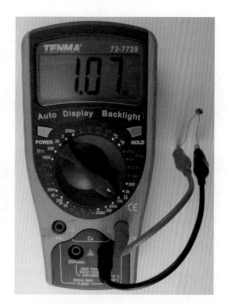

图 3-8　测量光敏电阻 LDR

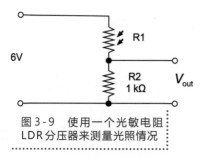

图 3-9　使用一个光敏电阻 LDR 分压器来测量光照情况

　　微控制器，例如 Arduino 开发板，可以测量电压然后根据得到的电压值来实现某种功能。但是不能直接测量电阻值。因此为了将光敏电阻的阻值转化为一个简单好用的电压值，我们可以将光敏电阻作为分压器其中的一个电阻放置在电路里（见图 3-9）。

另外光敏电阻的原理图符号与电阻类似，只是多了一些小箭头指向电阻符号来表示该电阻对光照敏感。

我们可以在面包板上搭建这个电路，将万用表调至 20 V DC 电压测量挡，来看看当我们挡住光敏电阻的光源时电压是如何变化的（见图3-10与图3-11）。

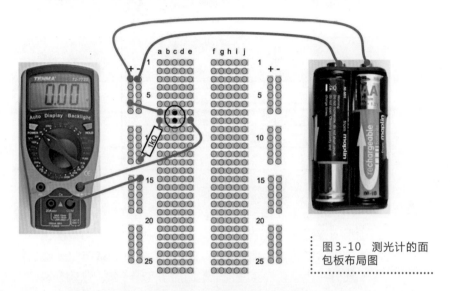

图 3-10 测光计的面包板布局图

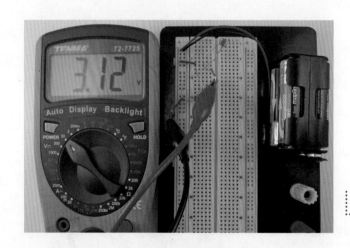

图 3-11 测光计

3.4 制作一个感光按键灯

由电池供电的按键灯是你能够在"一元店（此处指1美元）"买到的很棒的东西之一。这些按键灯原本是用在橱柜和其他黑暗的地方。轻轻一按，按键灯就会发光，再一按它便会熄灭。

我们打算使用光敏电阻来控制灯的开关，不过这需要使用一个三极管。

制作的方法是，先在面包板上调试这个电路，调试成功后再将整个电路焊接到按键灯上。在实际操作中，我们先使用一个LED灯来代替按键灯直到我们调试通过了整个电路为止。

3.4.1 你需要

数量	名称	试验材料	附录编码
1	R1	光敏电阻	K1, R2
1	T1	三极管 2N3904	K1, S1
1	R2	10 kΩ 电阻	K2
1*	R3	220 kΩ 电阻	K2
1*	D1	红色或高亮度LED灯	K1 或 S2
*		实芯跨接线	T6
1		按键灯	

注意：带"*"元器件是面包板试验所需的元器件

我们希望用光敏电阻来控制LED灯，因此首先会想到的电路可能与图3-12类似。

这个电路里有两个致命的缺陷。第一，随着照射在光敏电阻上的光越来越强，光敏电阻的阻值降低，导致更多的电流流过LED灯，使LED灯变亮。这与我们所希望的完全相反。我们希望的是当处在黑暗环境下LED灯开始发光。

因此，我们需要一个三极管。

图3-13是三极管的基本结构。三极管的种类很多，最经常使用的是（这里我们就是使用这种三极管）叫作NPN的双极型三极管。

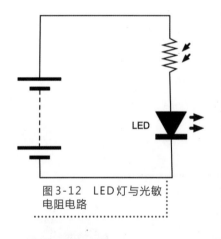

图3-12 LED灯与光敏电阻电路

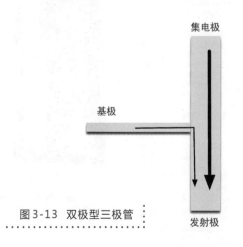

图3-13 双极型三极管

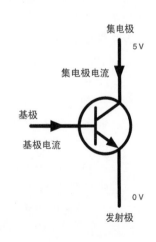

这种三极管有3个管脚：发射极、集电极和基极。这种三极管的基本原理是一个小电流流过基极会导致一个大电流流过集电极与发射极。

大电流的电流值是由三极管来决定的，一般来说三极管的放大倍数能够达到100倍以上。

3.4.2　面包板

图3-14是我们将要在面包板上搭建电路的原理图。为了方便理解这个电路，我们需要考虑两种情况：

情况1：当处于黑暗环境中

处于黑暗环境下时，光敏电阻R1的阻值会变得很高，因此可以在原理图里等效为光敏电阻不存在。于是电流流过R2，流过三极管的基极与发射极，这会导致有足够大的电流流过电阻R3和LED，接着流过三极管T1的集电极和发射极。当有足够大电流流过三极管的基极，正好能够使电流从集电极流向发射极时，我们称这一时刻三极管"导通"。

我们可以使用欧姆定律来计算基极电流。在本试验中，三极管基极的电压大概是0.5 V（译注：并非每个三极管的基极都是0.5 V），因此我们可以大致估算10 kΩ的电阻R2上的电压为6 V左右（译注：应小于6 V），由于$I = V/R$，那么电流应该等于6/10 000 A，即0.6 mA。

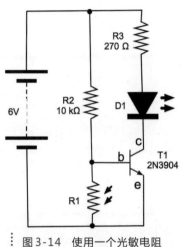

图3-14　使用一个光敏电阻 LDR 和三极管来控制 LED 灯的开关

情况2：当处于光照环境下

当处于光照环境下，我们必须把光敏电阻的阻值考虑进去。光照越强，电阻R1的阻值就越低，必然会有更多的电流从三极管基极转移到电阻R1上，导致三极管不能导通。

现在我们做好了一切准备，可以开始在面包板上布板了。图3-15是面包板的布局图，图3-16（a）和图3-16（b）是最终完成的面包板。

当把LED放置在面包板上时，要确保LED

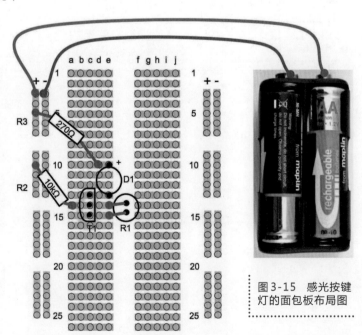

图3-15　感光按键灯的面包板布局图

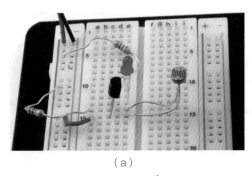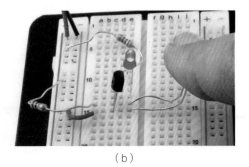

（a）　　　　　　　　　　（b）

图 3-16　感光按键灯的面包板实物图

的正负极方向放置正确。稍长一点的管脚是正极，正极在图 3-15 中放置在了第 10 行，与 R3 相连。

一切就绪后，遮挡光敏电阻 LDR，LED 应该会被点亮。

3.4.3　电路搭建

我们已经验证了电路的功能，可以接下来改装到按键灯上了。图 3-17 是本书使用的按键灯。除非你运气很好，否则你购买的按键灯多多少少会和这个按键灯有所差别，因此仔细阅读下面的内容，才能学会如何改装你的按键灯。为了方便起见，最好使用一个 6 V（4 节 AA 或者 AAA 电池）供电的按键灯。

图 3-17　按键灯

在按键灯的后面你会发现有螺丝钉。卸下所有螺丝钉，并把它们放在安全的地方。图 3-18 展示了按键灯的内部结构。图中对按键灯内部的各种电路连接进行了标注。你可以使用万用表来找出你使用的按键灯对应的连接。

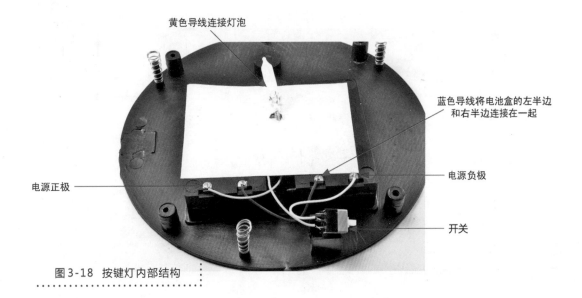

黄色导线连接灯泡

蓝色导线将电池盒的左半边和右半边连接在一起

电源正极

电源负极

开关

图 3-18　按键灯内部结构

　　将万用表设置在 20 V 的直流DC挡，测量电池的
引线确定哪个是正极，哪个是负极。仔细看看按键灯里
的导线，我们可以先画出原理图，然后再改装这个电路
（见图3-19）。

　　买来的按键灯使用的是老式白炽灯泡。我们将会
用一个高亮度LED来替换它。如果你没有这种二极
管，一个普通带颜色的LED也可以，但是亮度别太
刺眼。

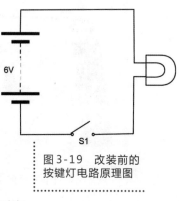

图3-19　改装前的
按键灯电路原理图

　　图3-20展示了如何将白炽灯泡换成一个LED
和一个220 Ω 的电阻。记得要将LED的长管脚连接到电
阻上，电阻的另一端连接电池的正极。

图3-20　将白炽灯泡替换成一
个连接电阻的LED灯

　　试着打开开关来看看LED灯是否正常工作。

　　现在我们可以将已经改装好的按键灯结合到
之前光敏电阻电路中，画出原理图，如图3-21
所示。

　　事实上，我们剩下的工作只是把按键灯的开关加
到原来的LED原理图（见图3-14）中。因为我们
在使用LED替换按键灯的白炽灯泡的时候就已经
安装好电阻R3和发光二极管D1了。按键灯自带一
个开关，接下来我们只需要把三极管，光敏电阻和
电阻R2加进去就行了。图3-22展示了如何改装
按键灯。

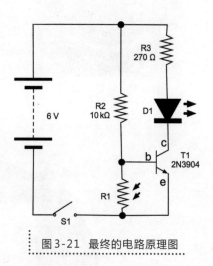

图3-21　最终的电路原理图

　　图3-23展示了将额外元器件焊接到按键灯上
的步骤。

1. 首先，对开关没有连接电池负极的那个管脚进行脱焊
　　［见图3-23（a）］。

2. 然后将10kΩ 电阻R2焊接到三极管中间管脚（基极）
　　与电池正极管脚之间。

3. 见图3-23（b）所示，三极管的平面朝上面向自己，
　　将三极管的左边引脚连接到开关刚才脱焊的那个管脚。

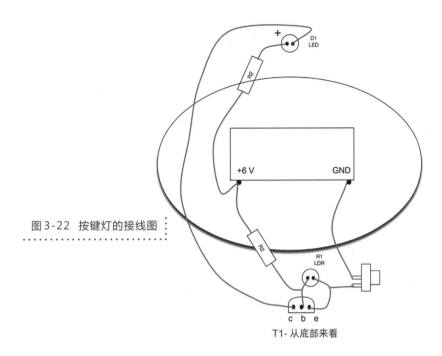

图 3-22　按键灯的接线图

4. 将光敏电阻 LDR 焊接到三极管左边和中间的管脚上，
然后将已经焊接在一起的三极管左边管脚和光敏电阻引
脚连接到开关刚才脱焊的那个管脚。

5. 将所有元器件整理一下，调整一下引线的方向，保证
裸露的引线不会互相接触 [见图 3-23 (d)]。

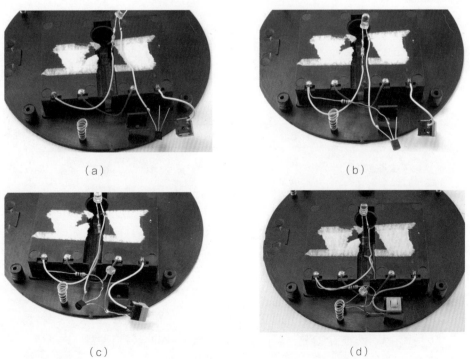

（a）　　　　　　　　　　　　　　　　（b）

（c）　　　　　　　　　　　　　　　　（d）

图 3-23　焊接设计

3.5 如何选择双极型晶体管

之前在3.4节"如何制作一个感光按键灯"里用到的三极管是一种有着广泛用途的三极管。但是还存在许多其他种类的三极管可以用在不同的情形下。本节会帮助你选择合适的三极管，并学会如何正确地使用它们以防报废。

3.5.1 电子元器件的技术参数表（datasheet）

三极管有许多我们需要了解的参数。所有三极管都有技术规格说明的表格。这个表格是由三极管的生产厂家给出的，并且里面包含了所有你想要知道的关于这种三极管的信息，从三极管管脚的尺寸到三极管的电气特性，应有尽有。

普通情况下你只需要使用3~4种三极管中的一种，并且不需要关注三极管工作的具体细节。但是如果你真的需要的话，可以参考技术参数表。因此，你也可以直接跳到下一节。在下一节中，我们会介绍一些不同种类的三极管——只介绍有用的，不包括很特殊的种类。

表3-1是三极管2N3904的规格说明表中最大额定值的一部分内容。

表3-1 2N3904最大额定值

绝对最大额定值			
符号	参数名	数值	单位
V_{CEO}	集电极－发射极电压	40	V
V_{CBO}	集电极－基极电压	60	V
V_{EBO}	发射极－基极电压	6.0	V
I_C	集电极电流－连续的	200	mA

在这张表格上，集电极－发射极最大电压为40 V，集电极－基极最大电压为60 V，这表示只要我们使用电池供电就不用去考虑这些参数。要注意不能让发射极－基极电压过高。

表3-1中最大集电极电流是200 mA，较为充裕。理论上来讲我们可以控制10个LED，每一个LED上有20 mA电流流通。如果超过了这个最大电流值，那么三极管将会发热并最终报废。

我们比较关注的参数是直流DC电流增益，在技术参数表上用h_{FE}表示。这个参数一般都在技术参数表中的电气特性章节中。

直流DC 增益决定了流过集电极的电流会是流过基极电流的几倍。如表3-2所示，这就是说，一个三极管，集电极电流10 mA，集电极-发射极电压为1.0 V（实际上这个电压几乎一直保持不变），那么直流DC 增益就是100，只需要10 mA/100 = 100 nA的电流流入基极就能产生10 mA的集电极电流。

表3-2 2N3904 电气特性

符号	参数名	测试条件	最小值	最大值	单位
ON CHARACTERISTICS					
h_{FE}	DC电流增益	I_C = 0.1 mA，V_{CE} = 1.0 V	40		
		I_C = 1.0 mA，V_{CE} = 1.0 V	70		
		I_C = 10 mA，V_{CE} = 1.0 V	100	300	
		I_C = 50 mA，V_{CE} = 1.0 V	60		
		I_C = 100 mA，V_{CE} = 1.0 V	30		

3.5.2 场效应管（MOSFET）

三极管2N3904属于"双极型晶体管"。这种三极管用于放大电流。流过基极的很小的电流就能产生一个大的电流流过集电极。有时，放大倍数只有100倍或者以下。

另一种三极管不受放大倍数的限制，这种三极管叫作"场效应管"，英文缩写是MOSFET，全称是金属氧化物半导体场效应晶体管（Metal-Oxide -Semiconductor Field Effect Transistor）。这种三极管是由电压控制而不是电流控制，非常适合作为开关使用。

场效应管没有发射极、基极和集电极的概念，它们具有"源极（source）"、"栅极（gates）"和"漏极（drains）"。当MOSFET栅极电压大于一个阈值电压时，MOSFET导通，这个阈值电压通常都是2 V左右。一旦MOSFET导通，会有非常大的电流从漏极流向源极，就像双极型晶体管一样。但是由于有一层SiO_2绝缘层将栅极与三极管的其他部分完全隔离，所以几乎没有电流流进栅极。正是栅极的电压决定了将会有多大的电流流过源极和漏极。

我们之后还会在"如何使用功率场效应管来控制一台电动机"一节以及第7章的"如何使用功率场效应管来控制电动机速度"一节中讲到MOSFET。

3.5.3 PNP与N沟道三极管

我们在之前章节里制作的自动感光灯是"反向连接"的。反向连接是指，如图 3-21 所示，电阻 R3 与发光二极管 D1 必须通过三极管连接到电源负极。假如有特殊情况（有时确实会有这个需求）要求我们要换到"正向连接"，那么我们需要使用一个 PNP 型三极管 2N3906 代替之前使用的 NPN 型三极管 2N3904。NPN 是"负极－正极－负极"（Negative-Positive-Negative）的缩写，PNP 同理。三极管就好像一个三明治，外层的"面包"部分可以是 N 型，也可以是 P 型。如果"面包"部分是 N 型（大多数情况都是 N 型），那么基极电压需要比发射极电压高（大约 0.5 V）才能使三极管导通。反过来，PNP 型三极管只有当基极电压比发射极电压低（大约 0.5 V）时，才会导通。

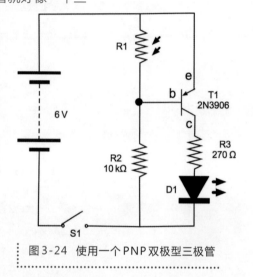

图3-24 使用一个 PNP 双极型三极管

如果我们想要换到正向连接，可以使用 PNP 型三极管，图 3-24 是使用 PNP 型三极管的等效电路图。

MOSFET 也有相应的 PNP 型三极管，称作 P 沟道场效应管；相对更常见的 NPN 型三极管被称作 N 沟道场效应管。

3.5.4 常见三极管

表 3-3 包含了几种常见的三极管。还有无数其他种类的三极管，但是在本书中我们只把三极管当作开关使用，因此，下表展示的三极管就够用了。

表3-3 一些非常有用的三极管

名称	附录编码	种类	最大开关电流	备注
中/低电流开关				
2N3904	S1	NPN双极型	200 mA	电流放大倍数大约为100
2N3906	S4	PNP双极型	200 mA	电流放大倍数大约为100
2N7000	S3	N沟道MOSFET	200 mA	2.1 V栅极－源极阈值电压；当栅极电压高出源极电压2.1 V时，三极管开启
大电流开关				
FQP30N06	S6	N沟道MOSFET	30 A	2.0 V栅极－源极阈值电压；当栅极电压高出源极电压2.0 V时，三极管开启

3.6 如何使用功率 MOSFET 来控制一个电动机

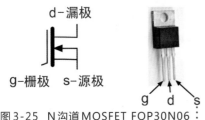

图 3-25 N 沟道 MOSFET FQP30N06

图 3-25 是 N 沟道 MOSFET FQP30N06 的原理图符号与引脚分配。

这种 MOSFET 可以支持 30 A 的负载电流。这里不会使用到这么大的电流，我们控制电动机使用的电流峰值大概为 1 A 或 2 A。即使是 1 A 对于双极型三极管也太大了，但是对于 MOSFET 来说却是小菜一碟。

3.6.1 你需要

搭建一个这样的电路，你需要以下材料：

数量	试验材料	附录编码
1	无需焊接的面包板	T5
	实芯跨接线	T6
1	4 节 AA 电池的电池座	H1
1	4 节 AA 电池	
1	电池夹	H2
1	万用表	T2
1	10 kΩ 电位器	K1
1	FQP30N06 MOSFET	S6
1	6 V DC 电动机或者齿轮电动机	H6

直流 DC 电动机可以是你能找到的任意大约 6 V 的小电动机。12 V 的电动机在正常情况下应该也可以在 6 V 下工作。把电动机直接连接在 6 V 电池上测一测是否可以工作。

3.6.2 面包板

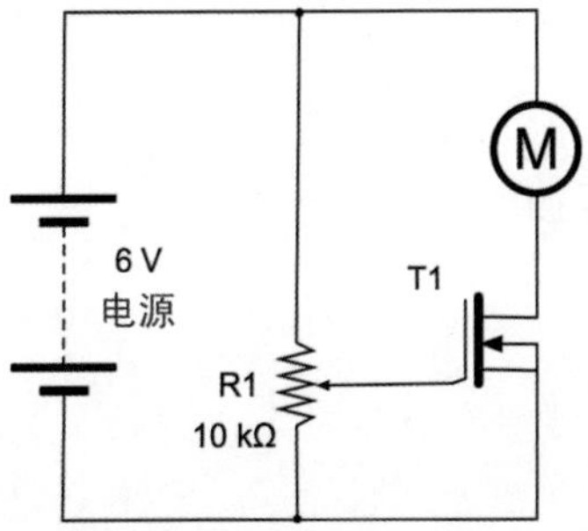

图 3-26 是我们将要制作的电路原理图。

可变电阻控制 MOSFET 栅极的电压。当栅极电压超过阈值电压时，三极管使电动机开启并转动。

图 3-27 和图 3-28 分别是这个项目的布板图设计与实际电路的照片。

为了将电动机连接到面包板上，可以在电动机引脚处焊接一对导线。两根导线的方向并不重要，正负极的方向仅仅决定电动机转动的方向。因此，如果你将电动机的引线交换位置连接，电动机就会反转。

图 3-26 MOSFET 试验的电路原理图

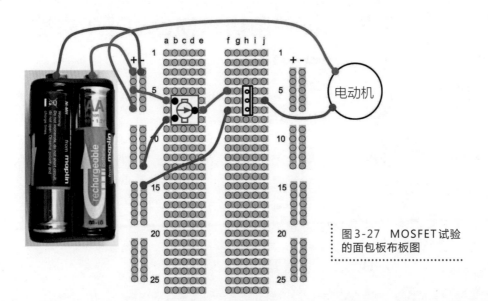

图 3-27 MOSFET 试验
的面包板布板图

试着旋转可变电阻上的按钮，你也许会
发现对电动机转动速度的控制并不明显。如
果你控制栅极电压在阈值电压左右小范围增
减，就能明显控制电动机的转动速度了。这
也说明了为什么 MOSFET 通常被用作控制电
路开启关断的开关。

这种类型的 MOSFET 被称作"逻辑电
平 MOSFET"，这是因为它的栅极电压很
低，可以通过微控制器的数字信号输出管
脚直接控制。并不是所有的 MOSFET 都能够这样，一些
MOSFET 拥有 6 V 或者更高的阈值电压。

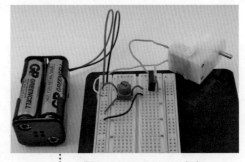

图 3-28 MOSFET 试验

3.7 如何选择合适的开关

电路的开关原理很简单：让两个导体接触，电路导通。正
常情况下，这种开关就够用了，但是有时会需要更复杂的开关。
比如说，需要两个开关同时闭合或打开。

有的开关是通过按下按钮来闭合的，有的是把开关把
手拨向一边来闭合的。开关的种类很多，有按键开关、拨
动开关和旋钮开关。在本节我们就会介绍如何选择合适的
开关。

图 3-29 是各式各样的开关。

图 3-29　各式各样的开关

3.7.1　按键开关

图 3-30　按键开关

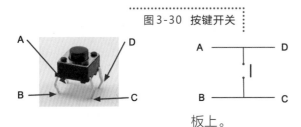

许多电子设计上都会用到微处理器，这时按键开关是最常用的一种开关（见图 3-30）。

这种开关被设计成可以直接焊接在电路板上。同样，可以很方便地放置在面包板上。

初学者会觉得开关应该只有两个管脚才对，因此对于这种开关的 4 个管脚可能会感到困惑。从图 3-30 可以看出，管脚 B 与 C 一直相连，A 与 D 管脚也是如此。但是，当按键被按下时，所有的 4 个管脚都连接在一起了。

因此，你需要注意不要连接错了管脚，导致按键开关一直处在导通状态。

如果你还不确定开关应该如何连接到电路上，可以使用一个万用表，放置在"通路测试"挡位上来检查哪个管脚与哪个管脚相连——先不把按键按下测量，再按下按键测量。

3.7.2　微动开关

另一种方便的开关叫做微动开关。它们不是通过直接按键来操作的，而是经常使用在一些东西内，比如微波炉里来探测门是否关上，或者用在入侵警报盒中当作反入侵开关，当它的封皮被撕开后，开关闭合或打开。

图 3-31 是一个微动开关——注意它有 3 个管脚！

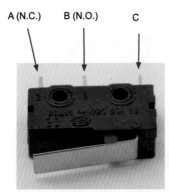

图 3-31　微动开关

这种具有 3 个管脚的微动开关被称作"双掷开关"或者"换向开关"。换句话说，这种开关具有一个公共节点 C 和另外两个节点。这个公共节点 C 肯定会连接到另外两个节点中的一个，但是不可能同时连接另外两个节点。"常开触点"是指当按键按下后才会闭合的触点；相反"常闭触点"正常情况下是闭合的，只有当按键按下时才会打开。

如果你手上有一个这样的开关，建议用万用表先测量一下。将万用表的一个表笔连接到公共节点上，然后来找常闭触点，接触到常闭触点万用表会发出报警音，按下按键，报警音就会停止。

3.7.3　拨动开关

如果你仔细看一下元器件目录书（一般来说优秀的电子制作者都需要看），你会发现一系列的拨动开关令人困惑。这些拨动开关的名字有 DPDT、SPDT、DPST、SPST 和瞬时开关等。

让我们通过解释这些含义模糊的字母来解开这些术语的谜题。

- D = 双个
- S = 单个
- P = 触点（刀）
- T = 掷

因此，一个 DPDT 类型的开关是指双刀双掷开关。单词"Pole(刀)"是指使用同一个机械杠杆控制的单独开关触点的数目。那么，一个双刀开关可以独立通断两个电路连接。单掷开关只能闭合或打开一个电路触点（如果双刀开关的话是两个触点）。双掷开关可以让公共电路触点连接到另外两个电路触点的其中一个。因此，微动开关属于双掷开关的一种，它有一个常开触点和一个常闭触点。

图 3-32 是几种不同类型的拨动开关的概括。

在图 3-32 中，当在电路图中画双刀开关时，通常都会画成两个开关（S1a 和 S1b），再在这两个开关之间画一条实线来表示它们通过同一机械杠杆连接。

有时还会遇到更复杂的情况，比如一个开关上有三刀甚至以上，有些双掷开关安装有弹簧，因此这些开关的闸刀不能保持在一个或两个位置上。有时双掷开关可以放置在中间处，公共触点不连接另外两个触点的任意一个。

你也许会见到有开关上有"DPDT,On-Off-Mom"标识。我们已经知道了 DPDT 表示双刀双掷，因此它至少有 6 个接线柱。"On-Off-Mom"表示这种开关还有一个中间位置，在中间位置公共节点不接触任何电路触点。将开关推向一边，它就会保持在一个触点上不动。再将开关推向相反方向，它会弹到中间位置，作为临时连接使用。

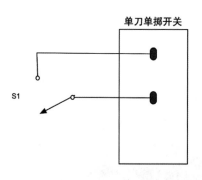

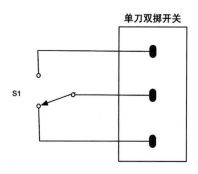

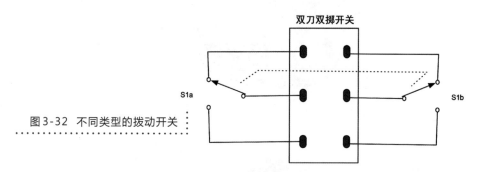

图 3-32　不同类型的拨动开关

　　这些术语不仅仅局限在对拨动开关的描述上，对其他种类开关的描述也会使用到这些术语。

小结

　　在本章我们介绍了关于电压、电流、电阻和功率的一些知识。下一章，我们在介绍如何使用LED的时候会用到本章的内容。

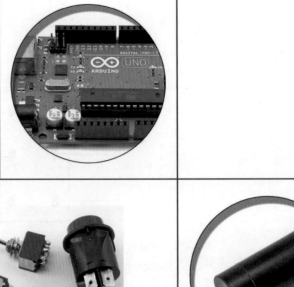

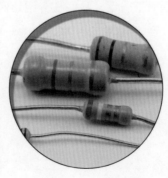

第 4 章

LED

LED（发光二极管）是一种当有电流流过能够发光的二极管。自LED被发明以来，LED逐渐代替了白炽灯泡，它们可以用作指示灯，高亮度的LED还能够提供照明。

LED灯比传统的白炽灯要更高效，每瓦特能够产生更多的光亮，并且光线更柔和。

在使用LED灯的时候需要注意引脚的极性，还要有保护电路能够限制流过LED的电流大小。

4.1 如何避免LED报废

LED是精巧的小元器件，容易突然损坏。摧毁一个发光二极管的最快方法就是将其不加任何电阻连接到电池两旁。

请谨慎对待LED，我们将3种不同颜色的LED放在面包板上（见图4-1）。

4.1.1 你需要

数量	名称	试验材料	附录编码
1		无需焊接面包板	T5
1	D1	红色LED灯	K1
1	D2	黄色LED灯	K1
1	D3	绿色LED灯	K1
1	R1	330 Ω 电阻	K2
2	R2,R3	220 Ω 电阻	K2
		跨接线	T6
1		4节AA电池座	H1
1		电池夹	H2
4		AA电池	

4.1.2 二极管

要想用好LED我们需要对其多了解一点。LED指发光二极管，也是二极管的一种，因此我们先介绍一下二极管（见图4-2）。

二极管是一种只允许电流流向一个方向的电子元器件。它有两个引脚，一个正极，一个负极。如果正极电压比负极电压高的话（至少要高0.5 V），二极管就会导通，这时候我们称其"正向偏置"。如果正极电压没有高出负极电压至少0.5 V的话，这时我们称其"反向偏置"，不会有电流流通。

图4-1 面包板上的LED灯

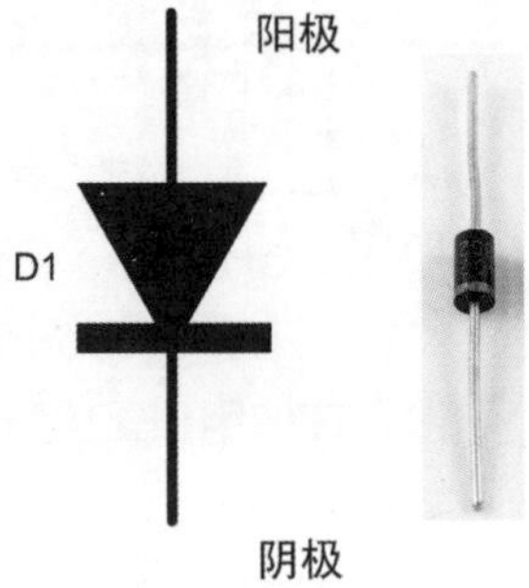

4.1.3 LED

LED与普通二极管一样，只不过它在正向偏置时会导通并发光。另外，LED正向偏置的要求会更严格，正极必须比负极高出2 V电压才能导通。

图4-3是一个LED的驱动电路。

这个驱动电路的关键点是用一个电阻来限制流经二极管的电流大小。对于一个普通红色LED来说，一般5 mA的电流就能点亮它，它可以工作在10～20 mA的电流下（被称作"正向偏置电流"，用I_F表示）。我们希望这个LED工作在15 mA的电流下，假设当二极管导通时，会有2 V的电压加在二极管上，称作"正向偏置电压"，用V_F来表示。这样就会有6 V－2 V=4 V的电压加在电阻上。

那么加在电路上的电阻两端有4 V的电压，流过电阻的电流为15 mA。我们可以利用欧姆定律来计算电阻的阻值：

$R = V/I = 4 \text{ V}/0.015 \text{ A} = 267 \text{ Ω}$

电阻有标准的阻值，在我们的新手套装里，大于267 Ω的最小电阻阻值是330 Ω。

如我之前所说，红色LED在10～20 mA电流范围内都可以非常明亮。流经LED的准确电流是多少并不重要，只要能将LED点亮并且不超过LED的最大正向偏置电流就可以（对于一个小的红色LED来说，最大正向偏置电流一般是25 mA）。

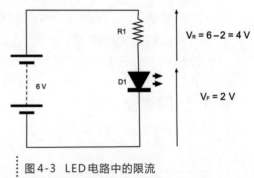

图4-2 二极管

图4-3 LED电路中的限流

表4-1是不同颜色的LED的典型参数值。注意不同颜色的LED的正向偏置电压V_F也会不同。这就需要使用另一个不同阻值的电阻，但是通常如果供电电压在6 V以上，那么正向偏置电压V_F的微小偏差也不需要使用不同阻值的电阻来修正。

表4-1 LED技术参数表

参数	红色	绿色	黄色	橙色	蓝色	单位
最大正向偏置电流	25	25	25	25	30	mA
典型正向偏置电压	1.7	2.1	2.1	2.1	3.6	V
最大正向偏置电压	2	3	3	3	4	V
最大反向偏置电压	3	5	5	5	5	V

另一个值得注意的参数是"最大反向偏置电压"。如果超过了这个最大反向偏置电压，比如不小心将LED反向连接到电路里了，则有可能会击穿LED。

网上有许多在线串联电阻计算器可以使用——只需要你提供LED的正向偏置电压V_F和正向偏置电流I_F——在线串联电阻计算器会为你自动计算出串联电阻的阻值。这里提供一个网址作为参考：www.electronics2000.co.uk/calc/led-series-resistor-calculator.php

表4-2是一个简易指南，假设正向偏置电流大概为15 mA。

表4-2 LED的串联电阻

供电电压（V）	红色	绿色，黄色，橙色	蓝色
3	91Ω	60Ω	无
5	220Ω	180Ω	91Ω
6	270Ω/330Ω	220Ω	180Ω
9	470Ω	470Ω	360Ω
12	680Ω	660Ω	560Ω

4.1.4 电路搭建

你一定很想在面包板上点亮你亲手搭建的LED灯电路吧。你可以参考图4-4和图4-5，来在面包板上搭建电路。牢记LED的长管脚通常都是正极（阳极），在图4-5中发光二极管的正极都是在面包板左边。

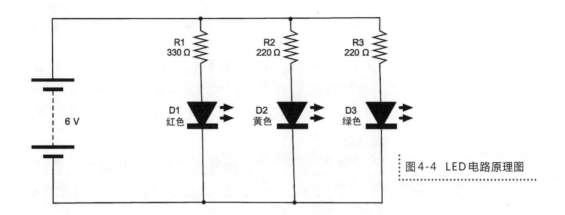

图 4-4　LED电路原理图

　　另一个需要注意的地方是每个LED都有它自己的串联电阻。你也许会想只用一个阻值较低的限流电阻连接3个并联的LED,但是这种方法是不行的。这样做正向偏置电压 V_F 最小的那个LED会承担所有的电流,它很有可能会被烧坏。之后电流流向正向偏置电压 V_F 第二小的LED,它也会烧坏。最后所有的LED都会报废。

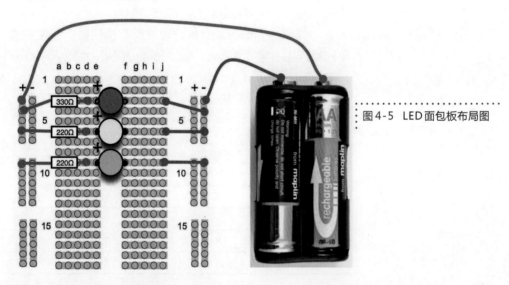

图 4-5　LED面包板布局图

4.2　如何选择合适的LED

　　LED有许许多多的颜色,形状和大小。很多时候你只是需要LED做指示灯使用,这种情况下一个标准的红色LED就够用了。但是,你还可以选择其他二极管,比如能够当作照明灯使用的高亮度发光二极管。

4.2.1 你需要

数量	名称	试验材料	附录编码
1		无需焊接的面包板	T5
1	D1	RGB共阴极LED	S4
3	R1-R3	500Ω电位器	R3
1	R1	330Ω电阻	K2
2	R2,R3	220Ω电阻	K2
		跨接线	T6
1		4节AA电池的电池座	H1
1		电池夹	H2
4		AA电池	

4.2.2 亮度与角度

　　在选择一款LED的时候，你会发现有许多简单描述LED的标签，如"标准"、"高亮度"或者"超亮"等。这些描述全都是主观的，提供这些描述的不负责任的供应商应该受到指责。你真正需要了解的是LED的光强度，也就是说这款LED能产生多少光照。同时，你还需要知道LED发射光源的角度。

　　因此，如果作为闪光灯使用，你需要使用高光强和窄角度的LED。当作为某个器件开启的指示灯使用时，你需要使用一个较低光强和宽角度的LED。

　　光照强度是毫坎德拉（mcd）数量级的，一个标准的指示灯LED通常都是10到100 mcd的，并且具有50度的较大视角。一个"高亮度"的LED也许能达到2 000或3 000 mcd，超亮级别的可以达到20 000 mcd。小视角LED大概会有20度的视角。

4.2.3 彩色发光二极管

　　我们之前已经介绍了几种常见LED的颜色，你可以购买LED套件包，在套件包里会有2～3个不同颜色的LED。通常都会有红色，绿色和RGB全彩色（红色、绿色和蓝色）。通过调整每种颜色的比例，你可以让LED套件包发出不同色彩的光。

　　图4-6是使用RGB全彩色LED搭建的一个试验原理图。

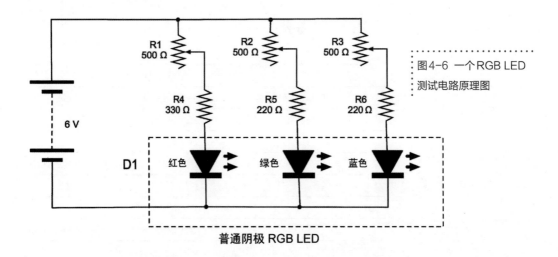

图4-6 一个RGB LED
测试电路原理图

我们将会在红色，绿色，蓝色LED的三个管脚上各自连接一个可变电阻。定值电阻（R4、R5和R6）是用来防止当滑块移动到变阻器上端时，有过大的电流流过LED。

图4-7是这个试验原理图的布板图。发光二极管的公共引线是最长的那根，其他三根是三种颜色的正极。

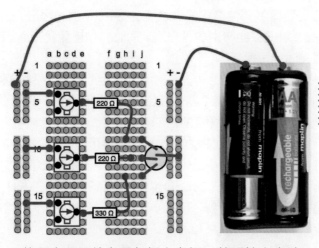

图4-7 RGB LED面包
板布板图

将所有元器件在面包板上布好，然后接上电池，你就可以通过调整滑块的位置来控制混合颜色了。图4-8是工作中的电路实物图。

4.2.4 IR（红外线）和UV（紫外线）LED

除了可见光LED，你还可以买到发射不可见光的LED。发射不可见光并非毫无意义。在电视远程控制中，会使用到红外线LED；紫外线LED用在一些专业领域，比如校验银行单据的真伪或者让酒吧里人们的白色衣服发光等。

图4-8 RGB实验

这些不可见光LED使用的时候与普通LED一样。它们也会有一个推荐的正向偏置电流和电压，同样也需要一个串联电阻。当然，观察它们是否正常工作会变得棘手。数码相机对红外线有些敏感，在相机屏幕上能看到红色光晕。

4.2.5　照明LED

LED越来越多地被应用到日常家庭照明中。这要感谢LED技术的不断提高，能够让生产出的LED光照亮度可以接近传统的白炽灯泡。图4-9展示了一个高亮度的LED，它的功率是1 W，同时也可以支持3 W和5 W的工作模块。

图中高亮度LED的炫酷星形外观其实是铝制散热器。在满功率状态下，散热器能将LED产生的热量分散到周围的空气之中。

我们还可以使用一个电阻来限制电流的大小，但是粗略计算一下就会发现需要使用一个很大功率的电阻。因此最好能在恒流源下使用这些LED，在下一节我们会详细介绍如何来搭建一个恒流源。

图4-9　一个大功率LED

4.3　如何使用LM317来搭建一个恒流源

对于小功率的LED来说，可以使用一个电阻来限制流过LED的电流。但是这种方法并不保险，因为使用的LED种类和电源都会有影响。因此，对于低功耗LED，这时电源电流并不起决定作用，我们就可以使用电阻来进行限流。对于大功耗LED，我们可以使用一个串联电阻（这个电阻需要是很大功率的），但是最好能够使用一个恒流源来驱动电路。

顾名思义，在由恒流源驱动的电路中，无论供电电压如何变化或者LED的前置偏向电压如何变化，恒流源的供电电流都会保持一个常数。你只需要设置好电流值，然后这个值就是将要流经大功率LED的电流值。

通常搭建恒流源经常会使用到LM317集成电路。这款集成电路最初设计时是一个可调稳压器，但是也可以很方便地使用在整流电路里。

这个试验将会先完成面包板的布板，然后我们会剪去电池夹的头部，将LM317和电阻焊接上去，最终制作一个1 W

LED应急灯。

4.3.1 你需要

数量	名称	试验材料	附录码
1		无焊面包板	T5
1	D1	1 W 流明 Lumileds 公司 LED	S3
3	R1	4.7 Ω 电阻	K2
1		电池夹（需要损坏）	H2
1		PP3 9 V 电池	
		跨接线	T6

4.3.2 电路设计

图4-10是使用图4-9中大功率LED电路的整流模块原理图。

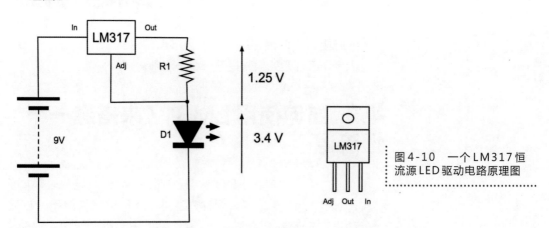

图4-10　一个LM317恒流源LED驱动电路原理图

　　LM317芯片可以很容易应用恒流模式。无论 Adj 管脚的电压是多少，LM317都会将它的输出电压努力保持在1.25 V。

　　我们将要使用的LED是一个1 W的白色LED。它具有300 mA的前置偏向电流（I_f）和3.4 V的前置偏向电压（V_f）。

　　计算连接到LM317芯片上的电阻R1值的公式如下：

$R = 1.25V/I$

　　在我们的试验中，$R = 1.25/0.3 = 4.2$ Ω

　　如果我们使用一个4.7 Ω标准阻值的电阻，将会把电流减少到：

$I = 1.25V/47.Ω = 266$ mA

　　计算一下电阻的功率，LM317芯片 Out 与 Adj 管脚两端的电压会一直保持1.25 V，因此：

$P = V \times I = 1.25\ V \times 226\ mA = 0.33\ W$

因此一个0.5 W的电阻就够用了。

LM317芯片需要保证它的输入电压比输出电压高出3 V从而来保证Adj和输出电压之间有1.25 V的电压。这就是说，由于前置偏向电压为3.4 V，使用6 V的电池还不够大。我们无需调整，直接使用9 V的电池甚至12 V的电压源来驱动电路，这是因为无论输入电压为多少，电流都会被限制在260 mA左右。

估算一下LM317芯片的功耗，保证在使用的过程中不会超出它的最大功率。

对于一个用9 V电池供电的电路来说，管脚In和Out之间的电压为9 − (1.25 + 3.4) = 4.35 V。电路中的电流为260 mA，那么就可以计算出功率：4.35 × 0.26 = 1.13 W。

根据LM317芯片的技术参数表，LM317能够正常工作的最大功率为20 W，并且能够工作在2.2 A电流，15 V供电电压以下，因此我们设计的这个电路没有问题。

4.3.3　面包板

图4-11是这个试验的面包板布板图，图4-12是做好的实物电路图。这些大功率LED甚至有些刺眼，最好不要盯着它们看。在试验过程中，我通常都会用一小块纸来盖住它，能看出LED的开启与关断，同时还能保护自己的眼睛避免暂时性失明。

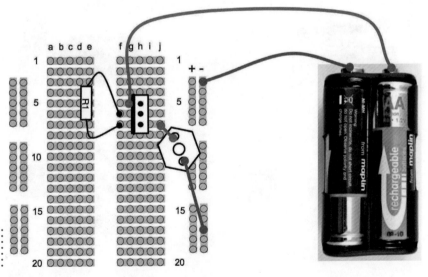

图4-11　LED恒流源驱动的面包板布板图

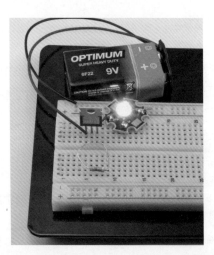

图4-12 LED恒流源驱动

你需要将导线的金属丝焊接到LED的末端，以便于它能
插进面包板里。最好能保留导线的绝缘层，防止裸露的金属丝
接触到散热片导致短路。

4.3.4 电路搭建

我们可以在一个电池夹上用这些器件搭建一个小的应急
灯，以便在停电时候可以将这个应急灯安装在一块PP3电池
上来提供照明（见图4-13所示）。

图4-14（a）到图4-14（d）是这个小应急灯的制作步骤。

图4-13 应急LED灯

（a）

（b）

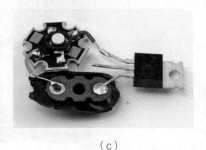

（c）

（d）

图4-14 制作一个应急1 W
LED灯

首先，用小刀将电池夹后部的塑料剥去。然后，将暴露出来的导线拆焊［见图4-14（a）］。

下一步［见图4-14（b）］是将LM317的Input管脚焊接到电池夹的正极上。注意电池夹的正极连接点会是电池的负极连接点，因此电池夹上的正极应该是凹槽状的连接点。可以轻轻地将LM317的管脚弯曲一下会更容易焊接一些。

然后将LED焊接到位，确保LED的阴极与电池夹的负极连接点相连［见图4-14(c)］。

最后，将电阻焊接到LM317元器件的最上面两个管脚上［见图4-14(d)］。

4.4 如何计算一个LED的正向偏置电压

如果你想要同时使用多个LED，最好能够检测一下其中的几个，计算它们在期望电流下的正向偏置电压。图4-15展示了如何实现对LED的测试。

图4-15 测量LED的正向偏置电压

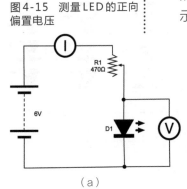

（a）

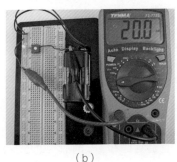

（b）

（c）

图4-15（a）是该测试电路的原理图。电路里的可变电阻用来控制流过LED的电流，使用可变电阻将电路的电流值设置在期望工作电流，那么电压表的读数即LED的正向偏置电压。

没有必要同时读出电流值与电压值，但是如果你有两个电流表会更方便点。

将可变电阻设置在中间值上，然后按照图4-15（b）在面包板上搭建电路，注意测量电流的万用表连接与测量电压的万用表连接不同。在测量电流时，你需要将万用表的正极引线从电压测量插孔换到电流测量插孔上。选到200 mA直流挡上，接着旋转可变电阻器直到电流表上的读数变为20 mA。

现在我们可以测量LED两端的电压了。首先，把万用表从电路中拆下来，将万用表正极引线插入电压测量插孔中，然后调到20 V的直流挡位。按照图4-15(c)在面包板上搭建电路，然后测量电压。在本文的试验中，万用表的读数是1.98 V。

你需要

数量	名称	试验材料	附录编码
1		无焊面包板	T5
1	D1	LED	K1
3	R1	500 Ω 可变电阻	R3
		跳线	T6
1		4 节 AA 电池的电池座	H1
1		电池夹	H2
4		AA 电池	

4.5 如何驱动数量众多的LED

如果你使用 12 V 的电压源，那么你可以将许多 LED 和一个 LED 串联起来。事实上，如果你能够精确的知道 LED 的正向偏置电压，电压源也能精确调制好，那么你可以不用连接任何串联电阻到 LED。

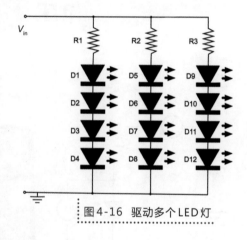

因此，假如你有正向偏置电压为 2 V 的标准 LED，那么你可以将它们 6 个一组串联起来。但是，流过 LED 的电流会比较难预测。

更稳妥的办法是将 LED 串联再并联起来，每一个串联的支路具有它自己的限流电阻（见图 4-16）。

图 4-16 驱动多个 LED 灯

尽管这算起来不难，但是会比较繁琐，因此方便起见你可以使用在线计算器来做计算，比如：http://led.linear1.org/led.wiz（见图 4-17）。

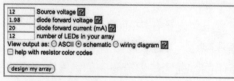

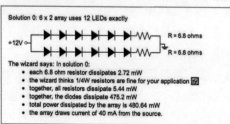

图 4-17 LED 网上计算器

在这个试验中，你需要输入电路的总供电电压，LED正向偏置电压，每个LED的期望电流值和你希望使用的LED数量。在线计算器Wizard会自动计算并生成一些不同的LED布局图。

4.6 如何制作LED闪烁灯

555计时器是一种应用广泛的集成电路，它非常适用于制作LED闪烁灯，或者产生发出声音所必需的高频率震动。(见第9章)

我们将会在面包板上实现这个设计，然后将它移植到更永久的铜箔面包板上。

4.6.1 你需要

数量	名称	试验材料	附录编码
1		无焊面包板	T5
1	D1	红色LED	K1
1	D1	绿色LED	K1
1	R1	1 kΩ 电阻	K2
1	R2	470 kΩ 电阻	K2
2	R3，R4	220 Ω 电阻	K2
1	C1	1 μF 电容	K2
1	IC1	555定时器	K2
		跳线	T6
1		4节AA电池的电池座	H1
1		电池夹	H2
4		AA电池	

4.6.2 面包板

图4-18是LED闪烁灯的电路原理图。

图4-19是LED闪烁灯的面包板布板图。确保555定时器芯片的方向没有放错。在555定时器芯片的头部有一个凹槽(管脚1与管脚8之间)。同样，电容和LED也需要按照正确的方向连接。

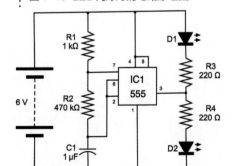

图4-18 LED闪烁灯的电路原理图

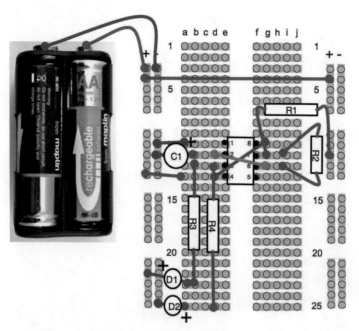

图4-19　LED闪烁灯的
面包板布板图

图4-20 是电路搭建完成后的面包
板。你会发现两个LED交替发光，每
个LED都会亮大概1 s的时间。

图4-20　面包板上LED闪烁
灯的实物图

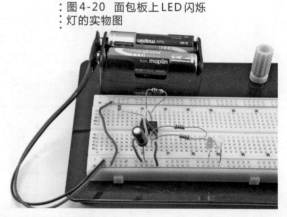

现在我们知道了设计是正确的并
能够工作正常，试一试将电阻R2换成
一个100 kΩ 的电阻将会对闪烁灯有什
么影响。

555 计时器是一个非常通用的器
件，在图中这种配置下，555定时器会
根据以下的公式来振荡：

频率 = $1.44/([R1 + 2×R2]×C)$

上述公式中，$R1$、$R2$和$C1$的单位是 Ω 和F。代入本设计
的数值，可得：

频率 = $1.44([1\,000 + 2×470\,000] × 0.000\,001) = 1.53\,Hz$

1赫兹（Hz）代表一秒振荡一次。当我们在之后章节使用
555 定时器来产生声音时，我们会使用这个相同的电路来产生
几百赫兹的频率。

就和所有其他的电子设计计算器一样，555 定时器也会有
在线的计算器。

4.7 如何使用铜箔面包板

面包板适用于验证电路是否正常工作，但是并不适于永久
保存电路。主要问题是导线会掉出来，并且面包板体积过大比

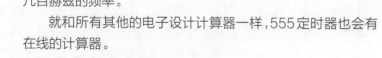

较笨重。

铜箔面包板（见图4-21）有些像通用的印制电路板。铜箔电路板具有过孔，过孔下方有导电铜箔，就像面包板一样。铜箔面包板可以剪成任何形状，并且可以将导线焊接到电路板上。

图4-21　铜箔面包板

4.7.1　设计铜箔面包板布线图

图4-22是LED闪光灯的最终铜箔面包板布板图。解释如何从最初的原理图，面包板布板图图到铜箔面包板布板图并不容易。肯定会有许多试验和失败，但是遵守一些规则会有所帮助。

电池 (6 V)

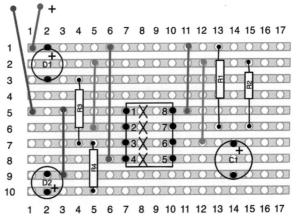

图4-22 铜箔面包板上的LED闪烁灯

首先，使用具有铜箔面包板模板的画图工具。对于苹果Mac系统用户，可以使用绘图软件OmniGraffle。在本书的网站（www.hackingelectronics.com）上提供有模板可供读者下载。同时，还有一个图形文件，读者可以将它打印出来作为模板来设计电路草稿。

铜箔面包板布板图上的"X"号是铜箔的中断点，我们使用钻头来制作这些中断点。铜箔面包板布板图的一个原则就是尽量避免在铜箔轨道上制造太多的中断点。这些中断点对于类似555定时器的IC器件是必要的，假如我们不制作这些中断点，管脚1会与管脚8相连。管脚2与管脚7相连，以此类推，这样555定时器芯片就不会正常工作了。

铜箔面包板布板图上的彩线表示的是相连的导线。因此，比如，从图4-18原理图中，我们可以看到555定时器的管脚4和管脚8是相连的，并且都连接到电源的正极上。在布板图中，这一部分用红色短线表示。同样，管脚2和管脚6也需要相连，在布板图中用橙色短线表示。

　　尽管逻辑上铜箔面包板布板图与原理图一样，但是元器件的布局发生了变化。比如 LED 在铜箔面包板布板图上位于左侧而在原理图上位于右侧。如果原理图与布板图相似会简单很多，但是在这个实验中，555 定时器的左侧管脚包含了 LED 所需的输出管脚 3，而连接电阻 R1、R3 和 C1 的管脚均在芯片右侧。

　　通过电路原理图来制作铜箔面包板布板图，你也许会有一个不同的布板图，并且比本书提供的布板图更加优秀。

　　本书设计这个布板图的步骤如下：

1. 将 555 定时器芯片放置在大致中间的位置。上端预留的空间要稍多于下端一点，芯片的管脚 1 位于最上方。

2. 为电阻 R3、R4 选择适当的位置，这两个电阻的一端都要连接到 555 定时器的管脚 3 上，要为两个电阻的另一端引线至少留 3 个过孔的空间。

3. 选择铜箔面包板的最上方的铜箔轨道作为电源的正极输入 V+，这样就可以与一个 LED 的正极管脚相临近了。

4. 选择第 5 行作为地线连接。这样地线就直接连接到 555 定时器芯片的管脚 1 了。

5. 在第 5 行与第 9 行之间连接一段导线，用来为 LED D2 来提供负极连接。

6. 在 555 定时器的管脚 4 与铜箔轨道第 1 行（V+）之间连接一个跳线。

　　接着我们完成右侧电路的搭建：

1. 在 555 定时器芯片的管脚 8 和铜箔第 1 行（V+）之间连接一个跳线。

2. 电阻 R1 和 R2 都有一端需要与 555 定时器的管脚 7 连接，因此将它们并排排列，并让 R1 的另一端连接到铜箔轨道第 1 行（V+）上。

3. 电阻 R2 的另一端需要连接到 555 定时器的管脚 6 上，但是 555 定时器的管脚 6 和管脚 7 相距太近，小于一个电阻的长度。因此，我们从管脚 6 引出一根导线到不常用的铜箔轨道第 2 行，然后再用跨接线连接铜箔第 2 行和 555 定时器的管脚 2 上。

4. 最后，电容 C1 位于 555 定时器管脚 6（或者管脚 2，但是选管脚 6 会容易点）和地线 GND（铜箔第 9 行）之间。

　　为了确保制作好的电路连接无误，打印出来电路原理图，仔细检查铜箔面包板的每一个连接点，并对照电路原理图来看对应的连接是否正确。

这也许听起来挺复杂，但是你一定要去试试，你会发现其实这个过程并不是那么复杂。

4.7.2　你需要

除了所有在 4.6 节"如何制作 LED 闪烁灯"中列出的材料，你还需要下列材料：

数量	试验材料	附录码
1	铜箔面包板（10 个铜箔轨道，每个轨道 17 过孔）	H3
1	焊接套装	T1
1	钻头（1/8 in 3.81 cm）	

在我们开始焊接前，需要考虑到我们使用的 LED 是哪一类型的。你也许会用到高亮度 LED 或者用一个较低电压来为电路供电。如果真的如此，重新计算电阻 R3 和 R4 的值，并在面包板上试验一下。555 定时器需要 4.5~16 V 的供电电压，输出最高能支持 200 mA 的电流。

4.7.3　电路搭建

步骤一：将铜箔面包板剪裁成合适大小

没有必要为了几个元器件而使用一个很大的铜箔面包板，因此我们首先要做的就是将铜箔面包板剪裁成合适大小。在本试验中，铜箔面包板被剪裁成 10 个铜箔轨道，每个轨道 17 个过孔。你可以使用一个旋转切割工具，铜箔面包板的切割下来的废料会比较脏，因此要佩戴面具防止吸入肺中。我发现剪裁铜箔面包板最简单的方法使是用小刀和金属尺子刻划铜箔面包板的正反面，然后在你工作桌的边缘处折断面包板。

剪裁铜箔面包板时需要注意，要在铜箔面包板的过孔处刻划，而不是一排过孔与旁边一排过孔中间的位置。当铜箔面包板被切断后，铜箔面包板的背面如图 4-23 所示。

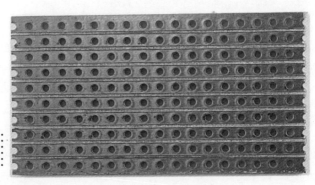

图 4-23　切割成合适大小的铜箔面包板

步骤二：在铜箔轨道上制作中断点

最好能够用永久马克笔在中断点的左上方标记一下。否则，实验中经常要翻转铜箔面包板，这会导致中断点和连接的位置错误。

要在面包板上制作中断点，需要先从铜箔面包板的顶端开始数起，确定中断点的行列数，然后向该过孔内放置一段导线帮助你在铜箔面包板背面定位［见图4-24（a）］。用大拇指与食指旋转钻头来磨断铜箔轨道。这个过程一般只需要钻头旋转十几下就行了［见图4-24（b）和图4-24（c）］。

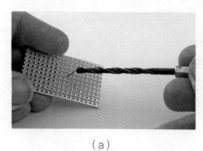
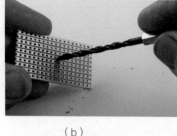

（a）　　　　　　　　　　（b）　　　　　　　　　　（c）

当你做好了4个中断点之后，铜箔面包板的背面应该如图4-25所示。仔细检查中断点的毛刺，确保它们不接触旁边的铜箔轨道。你可以对着铜箔面包板背面拍张照片，然后放大观察是否符合要求。

图4-24　在铜箔面包板上制作一个断点

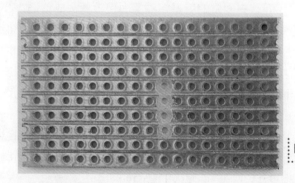

图4-25　带有断点的铜箔面包板

步骤三：导线连接

任何电路板制作，包括铜箔电路板的制作，其中一个黄金法则就是：从高度最低的元器件开始做起。这样当你翻转到面包板背面焊接的时候，可以用电路板压稳将要焊接的元器件。

在这个试验中，我们将要焊接的第一个东西就是导线连接。

将实芯导线剪成比需要距离稍长的长度。然后将它弯成U型，从面包板顶端开始将它放入过孔，注意要数对行列来放在正确的位置［见图4-26（a）］。有些人能够非常熟练的使用钳子来将导线弯曲到精确的长度。我发现如果将导线弯得更有弧度一点可以将导线挤压进正确的过孔中去。我觉得这比将导线弯曲到精确的长度要简单许多。

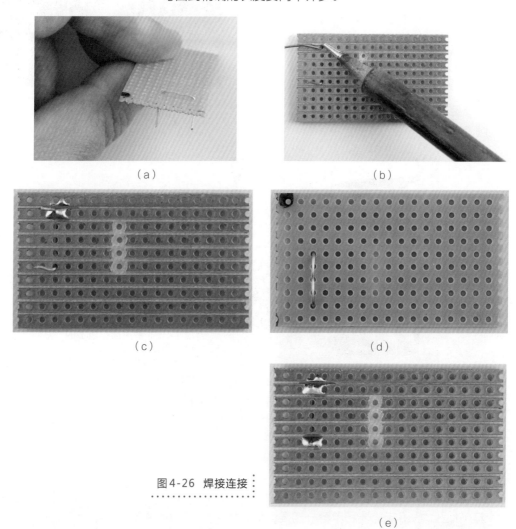

（a）

（b）

（c）

（d）

图4-26　焊接连接

（e）

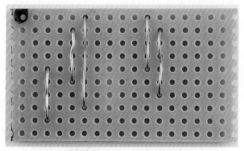

图4-27　焊接完导线的铜箔面包板

将面包板翻转过来（观察一下图中导线是如何被固定的），然后将焊烙铁放置在导线出来的过孔处准备焊接。加热电烙铁1～2 s，然后接触焊料，让焊料熔化到铜箔轨道上，覆盖住过孔与导线 [见图4-26（b）和图4-26（c）]。

重复上述过程来焊接导线的另外一头，然后剪掉多余的导线 [见图4-26（d）和图4-26（e）]。

当焊接了所有的导线，电路板应该如图4-27所示。

步骤四：电阻

电阻是电路中高度第二低的器件，因此我们第二个焊接它，就和焊接导线一样。当它们都焊接好后，铜箔面包板应该与图4-28相似。

步骤五：焊接剩余器件

接着，焊接LED，电容（电容可以躺倒在电路板上，如图4-29所示），最后将LED和电源连接线焊接上去。

图4-28　焊接完电阻的铜箔面包板

图4-29　铜箔面包板上的LED闪烁灯实物图

整个电路搭建完成。现在检验电路是否正常工作。在连接电源前，仔细检查面包板的背面看看是否有短路的连接。

如果觉得电路没有错误，将电池放进电池夹内。

4.7.4　故障检修

如果电路不正常工作，立即断掉电源，再次检查电路，尤其是LED、555定时器和电容一定要连接正确。另外，确保电池没有问题。

4.8　如何使用一个激光二极管模块

如果要使用激光的话，最好能购买激光模块组件。激光模块组件与激光二极管的不同之处在于激光模块组件里包含一个激光二极管及透镜来聚焦激光束，它还包含一个驱动电路来控制流过激光二极管的电流。

如果你买了一个激光二极管，你需要自己去完成上述的功能。

每个激光二极管模块组件都会有一个技术参数表来规定它的供电电压，例如图4-30所示的1 W激光二极管的供电电压

图4-30　激光二极管模块

就是 3 V，你仅仅需要将 3 V 的电池连接上去就行了。

4.9 制作一个轨道赛车

图 4-31 改装后的轨道赛车

轨道赛车乐趣无穷，我们还可以在赛车上添加车头灯和刹车灯（见图 4-31）。

LED 灯作为轨道赛车的车头灯和刹车灯大小正合适。

4.9.1 你需要

你需要下列的材料来制作你自己的轨道赛车。

数量	名称	试验材料	附录编码
1		准备改装的轨道赛车	
1	D1	1N4001 二极管	S5,K1
2	D2,D3	5 mm 高亮度白色 LED	S2
2	D4,D5	5 mm 红色 LED	S11
4	R1-4	1 kΩ 电阻	K2
1	C1	1 000 μF 16 V 电容	C1
		红色，黄色和黑色导线	T7,T8,T9
1		*两路的排针与排母	

注意：我使用了一个废旧的两路排针与排母来让电路可以在轨道赛车的上半部分与下半部分上分别搭建。这个试验材料并不是必需的。

本试验中用到的轨道赛车是种自制的赛车，里面有充足的空间可以添加电子器件。先规划一下电路的布局，确保能够将电路放入车内。

4.9.2 用电容来储存电荷

为了让刹车灯能在赛车停下来的几秒钟内亮灯，我们需要一个电容来储存电荷。

如果将电流类比成河中的水流，那么电容就是一个大的储水罐。图 4-32（a）中，从 A 点流过的水灌满了储水罐 C1。在这个装置中，水流会在储水罐处向上流驱动一个水轮，将电能转化为动能，这有点像白炽灯泡将电能转化成光。水流流向储水罐底部，然后流回地面。这就好像有一个抽水泵（比如电池）将水流抽到高处。如果水流停止从 A 点流进储水罐 C1，那么 C1 中还会有之前储存的水，直到水面下降到了储水罐的排水孔处。

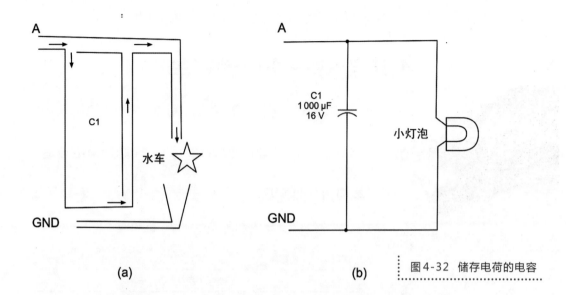

图 4-32　储存电荷的电容

图 4-32（b）是图 4-32（a）的等效电路图。当 A 点电压比 GND 高时，电容 C1 会被充电，LED 灯点亮。

当 A 点电压断开时，电容对灯泡放电，点亮灯泡。随着电容电压的减小，灯泡会慢慢变暗，直到电容电压降至 GND，灯泡熄灭。

从表面上看，电容有点像电池。它们都储存电能。但是它们还存在差别：

- 比起电池来，电容只能储存很小一部分电量。
- 电池是用化学反应来储存电能的。这表示在使用前它们的电压相对稳定，使用后电压会下降很快。而电容放电时电压均匀下降，就好像水从储水罐内流出一样。

4.9.3　设计

图 4-33 是轨道赛车的改造电路原理图。

当轨道赛车连接到轨道上时，会一直供电给车头灯（D2 和 D3），因此，当电动机上电后，LED 会被点亮。

刹车灯会更有意思点。刹车灯在轨道车刹车时点亮，维持一段时间后再熄灭。为了实现这项功能，我们使用一个电容 C1。

当轨道赛车上电后，电容 C1 连接二极管 D1 充电。这时，刹车灯 D4 与 D5 由于电压反偏都处于熄灭状态，即轨道上的电压比电容上端电压高。

当你松开控制器上的按钮时，没有电压输入。这时电容上端的电压会比输入电压高，因此电容放电产生电流流过发光二极管 D4 与 D5，使它们发光。

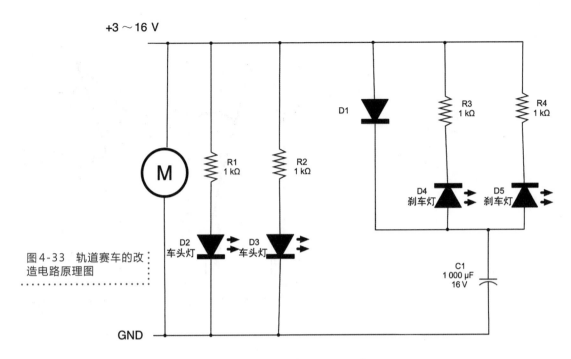

+3～16 V

GND

图4-33 轨道赛车的改
造电路原理图

4.9.4 电路搭建

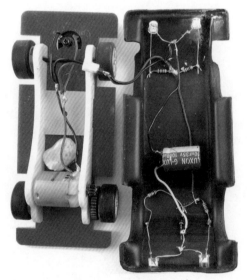

图4-34 轨道赛车中的电路元器件

图4-34展示了轨道赛车内部的电路布板情况。

你自己的轨道赛车内部电路的分布情况是由赛车内部空间决定的。

为了放置5 mm的LED灯，需要在赛车前后钻出4个小洞。这样LED灯不用胶水就能紧紧放置在赛车前后的洞内。

图4-35是赛车内部的接线图，这张图会更加清晰，有助于理解。

用万用表20 V的电压挡来确定赛车前端哪一个是正极的连接点。这个连接点连接的是红色导线。

LED的长管脚是正极管脚，电容的负极引脚处有 "–" 的标识。

再引出正负极连接点各一个到顶壳上，这样赛车顶壳与底盘的两个电路的连接互不干扰。

4.9.5 测试

这个电路的测试仅需要让汽车在轨道上跑起来即可。如果赛车的车灯没有在你按下控制器按钮后立即点亮，检查电路连接，重点关注LED的极性是否接反。

小结

在本章中我们学习了如何使用 LED，同时也锻炼了搭建电路的能力，能够使用铜箔面包板来制作长期保存的电路。

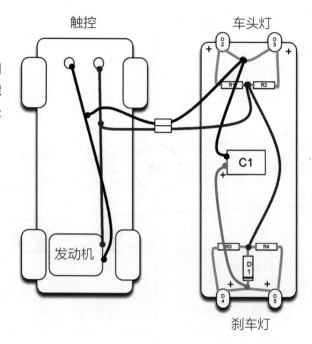

图 4-35 改装后的汽车接线图

第 5 章

电池与电源

你制作或改装的任何电子设计都需要电源来提供电能。电源可以是家用插座，太阳能电池板，多种多样的可充电电池或者标准的AA电池。

在本章中，会介绍所有种类的电池与电源，首先，我们从电池开始。

注意 本书中使用"电池"一词来统称"batteries"和"cells"。严格来讲，电池组 batteries 是由单个电池 cells 一个连接另一个组成，来提供期望电压的设备。

5.1 选择正确的电池

在市面上电池的种类繁多。因此，为了方便起见，本章只会介绍一些常见电池的种类，这些电池都能很容易的在市面上买到，也能应用在本书绝大多数的设备上。

5.1.1 电池容量

无论是可充电电池还是一次性电池，都会有一定的容量——即它们都能储存一定量的电能。一次性电池的制造商通常都不会将你在超市买的一次性电池容量具体写出来。它们仅仅标上"大容量"或者"小容量"等字样。这就好比你去买一罐牛奶，上面只标了"大瓶"或者"小瓶"一样，但是却没有发现这罐牛奶到底有多少升一样。我们可以猜到电池制造商这样做的原因。其中一个可能的原因就是电池生产商觉得公众还不能理解电池容量的概念。另一个原因可能是电池在货架上越长，它的容量就缩水得越多。还有原因就是电池的容量根据提供电流的大小不同而不同。

无论怎样，如果电池制造商能够告诉你电池的具体信息，电池容量会用 A · h 或者 mA · h 表示。因此，假如一个电池上电池容量为 3 000 mA · h（一般都是一次性的碱性 AA 电池），那么就表示这块电池可以连续1小时提供 3 000 mA 的电流，换个说法，就是可以连续1小时提供 3 A 的电流。这并不是说提供的电流必须是 3 A。如果在你设计的电路里只需要用到 30 mA 的电流，那么这块电池理论上可以工作100个小时（3 000/30）。事实上并非理论值那么简单，这是由于当你需要更大电流时，电池容量会减小。不过，这种计算方法可以当作经验法则来使用。

5.1.2 最大放电率

在现实中，是不可能用一个电池容量为 200mA·h 的 CR2032 电池来为 20 A 电流的大电动机供电 1/100 小时的（即 0.6 分钟）。原因有两点：第一，所有电阻其实都会有内阻。这就是说，每个电池的一端都好像连接着一个电阻。电池的内阻与提供电流的大小也有关，但是最大也就十几欧姆。这会限制电流的大小。

第二，当一个电池放电速度太快，提供电流过大，它会发热——有时会有点烫，还有时温度会非常高。这会使电池损坏。

因此，电池有安全放电率，即电池能够安全提供的最大电流值。

5.1.3 一次性电池

尽管有些浪费，但是有时需要使用到不能充电的一次性电池。在以下情况下可以考虑使用一次性电池：

- 电子设计需要电源提供的能量很少，那么一次性电池也能维持很长一段时间。
- 电子设计位于很难接触到充电设备的地方。

表 5-1 是一些常见的一次性电池的信息。表格里的图片都是电池典型容量的样子，在实际中根据电池容量的不同，样子也会有所变化。

表5-1 不同种类的一次性电池

电池种类	典型电池容量	电压	最大放电率	特征	常见用途
纽扣锂电池（比如 CR2032）	200 mA·h	3 V	4 mA 最大峰值脉冲 12 mA	使用温度范围广：-30～80℃；体积小	低功耗设备；射频远程控制；钥匙环上的 LED 灯等
碱性 PP3 电池	500 mA·h	9 V	800 mA	价格低廉；容易购买	小的便携电子设备；烟雾报警器；吉他踏板
锂 PP3 电池	1 200 mA·h	9 V	400 mA 最大峰值脉冲 800 mA	价格稍贵；轻便；电池容量大	无线电接收器
AAA 电池	800 mA·h	1.5 V	持续 1.5 A	价格低廉；容易购买	小型电动玩具；远程控制
AA 电池	3 000 mA·h	1.5 V	持续 2 A	价格低廉；容易购买	电动玩具
C 电池	6 000 mA·h	1.5 V	有可能达到 4 A	电池容量大	电动玩具；大功率闪光灯
D 电池	15 000 mA·h	1.5 V	有可能达到 6 A	电池容量大	电动玩具；大功率闪光灯

注意　表中有些电池的图片上印有商标。图片仅仅展示电池的形状，并不具体指某一厂家的某种电池。

尤其是根据电池的最大放电率不同，电池的形状会更多，有些电池可能会不工作或者变得非常热。这同样也取决于它们封装的通风性如何，在大电流下散热会是一个重要问题。

那么根据本书的原则：花少点时间来计划，多点时间来实践。我们可以尝试来看看电池发热能达到什么程度，能持续多久。这只是做着玩玩而已，并不是制作一个电子设计。

5.1.4 组装一个电池组

1 节 1.5 V 的一次性电池几乎没有什么用处。你可能会需要找几节这样的电池串联起来让它们提供更高的电压。

当你组装一个电池组后，电池的容量并没有变化。假如每节电池都是 2 000 mA·h，然后你将 4 节 1.5V 的电池串联起来，那么电池容量仍然是 2 000 mA·h，但是提供的电压发生了变化，是 6 V 而不是 1.5 V。

见图 5-1 的电池座能很方便地将电池串联起来。仔细观察电池座是如何设计的，你会发现一个电池的正极连接了下一个电池的负极，依此类推。

图 5-1 电池座

图 5-1 中的电池座可以放入 6 节 AA 电池，提供共计 9 V 的电压。还有能装 2 节、4 节、6 节、8 节或者 10 节电池的电池座，有 AA 电池的，也有 AAA 电池的。

使用电池座的另一个好处就是你可以使用充电电池代替一次性电池。但是，充电电池的电压一般要低一些，因此在计算电池组的总电压时候你需要考虑到这个因素。

5.1.5 选择合适的电池

表 5-2 可以帮你为你的电子设计选择合适的电池。"选择哪种电池使用"这个问题永远没有最佳答案，下表完全是从经

验出发得出的。

表5-2 选择合适的一次性电池

功率	电压			
	3 V	6 V	9 V	12 V
小于4 mA（短脉冲）或者连续12 mA的电流	纽扣锂电池（例如：CR2032）	2 节 纽 扣 锂 电 池（例如：CR2032）	PP3	该情况很少见
小于3 A（短脉冲）或者连续1.5 A的电流	2节AAA电池的电池组	4节AAA电池的电池组	6节AAA电池的电池组	8节AAA电池的电池组
小于5 A（短脉冲）或者连续2 A的电流	2节AAA电池的电池组	4节AAA电池的电池组	6节AAA电池的电池组	8节AAA电池的电池组
更大电流	2节C或D电池的电池组	4节C或D电池的电池组	6节C或D电池的电池组	8节C或D电池的电池组

你还需要自己衡量一下，包括电池更换的频率等因素。

5.1.6 可充电电池

比起一次性电池来说，可充电电池具有性价比高、绿色环保的优点。充电电池的种类与电池容量也不尽相同。比如一些可充电AA电池或者AAA电池就是代替一次性电池使用的，你可以将它们拿出来放在外部的充电器内充电。还有一些电池就在你设计的电路内，这样你只需要将电源适配器插入电路而不用将电池拔出就能够完成充电。锂聚合物电池（LiPo）具有价格低廉、大电池容量、较轻重量的优点，成为了许多消费电子产品的常用电池。

表5-3 列举了一些常见的可充电电池。

表5-3 可充电电池

电池种类		典型电池容量	电压	特征	常见应用
NiMH 镍氢纽扣电池		80 mA·h	2.4或3.6 V	体积较小	备用电池
NiMH 镍氢AAA电池		750 mA·h	1.25 V	价格低廉	代替一次性AAA电池使用
NiMN 镍氢AA电池		2 000 mA·h	1.25 V	价格低廉	代替一次性AA电池使用
NiMH 镍氢C电池		4 000 mA·h	1.25 V	大电池容量	代替一次性C电池使用
小型LiPo锂电池		50 mA·h	3.7 V	价格低廉；在相同重量和体积下具有较大容量	微型直升机

续表

电池种类		典型电池容量	电压	特征	常见应用
LC18650 LiPo电池		2200 mA·h	3.7 V	价格低廉；在相同重量和体积下具有较大容量；比AA电池体积稍大	大功率闪光灯；Tesla电动跑车（这是真的——有大概6 800个之多！）
LiPo电池组		900 mA·h	7.4 V	价格低廉；在相同重量和体积下具有较大容量；	手机，ipod等
密封铅酸蓄电池		1200 mA·h	6/12 V	充电与使用方便；重量较重	防盗警钟；小型电动机车/电动轮椅

尽管可充电电池的种类远比表中列出的多，但是表中的种类更为常见。每种电池充电时都有自己的要求，在之后的章节中我们会进一步讨论。

表5-4 不同种类电池的技术参数

	NiMN 镍氢电池	LiPo 锂电池	Lead-Acid 铅酸蓄电池
成本（每mA·h）	中等	中等	低
重量（每mA·h）	中等	低	高
自放电	高（2~3月内未变化）	低（每月6%）	低（每月4%）
满电/放电周期的管理	好	好	好
表面放电/充电的管理	中等（正常的完全放电会延长电池寿命）	中等（不适合涓流充电）	好

表5-4总结了NiMH镍氢电池，LiPo锂电池和Lead-Acid铅酸蓄电池的技术参数。

如果你希望自己的电子设计可以直接充电，那么LiPo锂电池或者密封铅酸蓄电池会更适合一点。但是，如果你想要能够取出电池或者使用一次性电池，那么一个AA电池组既能满足体积要求也能满足电池容量的要求。

对于超大功耗的电子设计，铅酸蓄电池，尽管技术非常古老了，但依然能够具有良好的性能，只要你不需要拿着它四处走动。铅酸蓄电池还非常容易充电，性能稳定，起火或者爆炸的可能性最低。

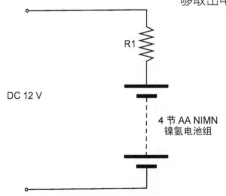

DC 12 V

R1

4 节 AA NIMN 镍氢电池组

图5-2 NIMN镍氢电池涓流充电的电路原理图

5.2 为电池充电（综述）

无论你为哪种电池充电，有一些特定的原理都能够适用。因此在你阅读某类电池特定的充电技术说明前，可以先阅读下本节内容。

5.2.1 C（电池容量）

英文大写字母"C"用来表示电池的容量，以 A·h 或者 mA·h 为单位。因此，当人们在讨论电池充电时，经常会提到以 0.1 C 或者 C/10 进行充电。以 0.1 C 充电意味着每小时为电池充电 1/10 的总容量。比如说，如果一块电池的容量为 2 000 mA·h，那么以 0.1 C 充电就代表使用 200 mA 的恒定电流来为这块电池充电。

5.2.2 过量充电

大多数电池对于过量充电的反应都不是很好。如果你在电池充满后仍然使用大电流为电池充电，这会损坏电池。电池还会变得过热。如果是 LiPo 锂电池的话，过量充电会使电池变得炽热。

正是由于这个原因，充电器通常都以小电流来充电（称为"涓流充电"），这个小电流不会损坏电池。但是以小电流充电会使充电变慢。另一种办法是，使用一个计时器或者另一个电路来检测电池是否充满电了，来停止充电或者转换到涓流充电，使用涓流充电的话能够让电池在你使用它之前一直保持满电。

一些种类的电池，尤其是 LiPo 锂电池和铅酸蓄电池，如果你使用一个恒定电压来为电池充电，在电池的充电过程中，电池的电压会升高直到充电电压，电流自然会根据电压来调整。

很多 LiPo 锂电池内部都有一个内置的自动防止过量充电的微型芯片。尽量在你的电子设计中使用具有这种保护功能的电池。

5.2.3 过量放电

通过前面的介绍，你也许心里对充电电池有了很麻烦的印象。如果你真的这么想，那么这就是事实，充电电池的确很麻烦。大多数充电电池同样不希望被过量放电，使它们完全无电。

5.2.4 电池生命周期

拥有一台有着几年寿命的笔记本电脑的人都会发现，笔记本电脑的电池随着使用容量会越来越小，最后甚至电池完全没用了，笔记本电脑只能在插电源线时才能使用。可充电电池（不论是使用哪种技术的可充电电池）都只能充电几百次（可能为 500），之后电池都会报废。

现今许多消费电子的制造商都将电池内置在电子产品中，这样电子产品就不是"用户可维修"的。消费电子制造商这样做的基本原理是电池的寿命要比用户的注意力持续时间要长。

5.3　如何为一个 NiMH 镍氢电池充电

如果你想要将电池取下来充电，那么这一节并不是很重要。你只需要将电池取下来，安装在商用 NiMH 镍氢电池充电器上即可，充电器会对电池进行充电，达到满电后自动停止。在镍氢电池充好电后放回到电路。

但是，如果你想要让电池保留在原处充电，那么你需要明白为 NiMH 镍氢电池充电的最好方法。

5.3.1　便捷充电

为 NiMH 镍氢电池组充电的最简单方法就是使用"涓流充电"，用一个电阻限流充电。图 5-2 是使用 12 V 直流适配器为 4 节 NiMH 镍氢电池组充电的电路原理图，这个 DC 12 V 直流适配器就和我们在第 1 章制作烟雾驱散器使用的一样。

为了计算电阻 R1 的值，我们首先需要确定充电电流的大小。一般来说，以 0.1 C 的电流为一块 NiMH 镍氢电池涓流充电绝对没有问题。如果我们使用的 AA 电池容量为 2 000 mA·h，那么我们可以使用 200 mA 的电流为其充电。为了安全起见，如果我们希望电池大多数时间都处在涓流充电状态——比如说，作为备用电池使用——我会使用更低的电流 0.05 C（或者写作 C/20）为其充电，在这里即表示 100 mA。

通常，NiMH 镍氢电池的充电时间大概为 3 C 乘以充电电流。那么以 100 mA 电流充电的情况下，充电时间估算为 $3 \times 2\,000$ mA·h/100 mA = 60 小时。

我们继续来计算 R1 的值。当 NiMH 镍氢电池放电后，每一节上大概会分担 1.0 V 的电压，那么电阻两端的电压为 12 V–4 V=8 V。

使用欧姆定律，可得，$R=V/I$=8 V/0.1 A=80 Ω。

我们保守一点，选择 100 Ω 的电阻使用。将电阻值带入公式，实际电流是 $I=V/R$=8 V/100 Ω =80 mA。

当电池充满电后，电池上的电压大概为1.3 V因此电流将会降低到：$I=V/R$=(12 V − 1.3 V × 4)/100 Ω =68 mA。

目前为止一切顺利，100 Ω 大小的电阻能够满足需求。接下来我们只需要看一看 R1 的最大功率是多少。

$P=IV$=0.08 A × 8 V=0.64 W=640 mW

根据上述的计算，我们需要一个 1 W 的电阻。

5.3.2 快速充电

如果你想要快速将电池充满电，那么你最好使用一个商用充电器产品。充电器会监控电池状态，当电池充满后，充电器自动关断或者将充电电流减小慢慢充。

5.4 如何为一个密封铅酸蓄电池充电

密封铅酸蓄电池是所有电池中最不脆弱的，可以简单地用 NiMH 镍氢电池充电的方法来为密封铅酸蓄电池慢慢充电。

使用一个可变电源来充电

但是如果你想要快速充电，那么最好使用一个经电阻限流过的固定电压来为铅酸蓄电池充电。对于一个12 V的铅酸蓄电池来说，在用完的蓄电池上电压达到14.4 V之前，你可以使用任意电流来为它充电。当达到14.4 V后，你需要减小充电电流，使用涓流充电来防止电池过热。如果是6 V的蓄电池，那么相应的值都除以2即可。

我们一开始充电时需要限制电流大小的原因是，即使电池不变热，但是连接它的导线也会变热，并且电压源能够提供的电流值也会有所限制。

图5-3是一个可调电源。如果你想要学习电子设计的话，这个可调电源是你的必备之物。你可以在自己的设计中把它当做电源使用，还可以用它为绝大多数的可充电电池充电。

可调电源可以设置输出电压和最大电流。电源会在达到电流上限值之前，提供规定的电压，电流达到上限值后，电压会下降直到电流回到电流值上限以下。

图5-3（a）中，可调电源的电压设置在了14.4 V，电压的引线连接着一个空的12 V 1.3 A·h的密封铅酸蓄电池。我们会先将电源的电流值调至最小来防止意外。你会发现电压立

即降至11.4 V [见图5-3（b）]，然后我们渐渐调大最大电流值。事实上，即使没有最大电流限制（将旋钮转至最大），电源的输出电流在电压为14.4 V时也只能达到580 mA [见图5-3（c）]。在两小时之后，电流会降至200 mA，表明电池已经快充满电了。最后，再过4个小时，电流只有50 mA了，表明电池已经达到满电状态了 [见图5-3（d）]。

（a）

（b）

（c）

（d）

图 5-3 使用可调电源来为铅酸蓄电池充电

5.5 如何为一个LiPo电池充电

上一节中为密封铅酸蓄电池充电的方法也可以为LiPo锂电池充电，只需要将电源的电压和电流相应的调整一下就行了。

对于LiPo锂电池来说，电压需要调到4.2 V，电流需要调整到相对较小的值（一般来说大概0.5 A），但是无线电汽车中使用的充电电流有时能达到C。

然而，与密封铅酸电池和NiMH镍氢电池不同，你不能将LiPo锂电池串联起来当成一个电池组来充电。因此你需要对LiPo锂电池单独充电，或者使用一个"均衡充电器"来监控每块电池上的电压，对每块电池上的电压进行单独控制。

为LiPo锂电池充电的最安全的办法就是使用一个特定的芯片来充电。这款芯片价格便宜，但是仅有表面贴装类型的元器件。然而，市场上有很多已经制作好的模块可以使用，其中许多都用到了MCP73831芯片。图5-4是两个制作好的充电模块——一个是Sparkfun的产品（见附录M16），另一个是几美金从eBay上购买的。

图 5-4 SparkFun和一般的LiPo锂电池充电器

这两款模块使用方式相同。它们都是通过5 V的USB接口来为单个LiPo锂电池（3.7 V）充

电的。SparkFun 的电路板上还支持拓展两个连接器，一个连接器连接电池，另一个是电池的第二个连接器——本意是让用户将使用电池的电路连接到第二个插口上。插口可以是在 LiPo 锂电池引线末端常见的 JST 连接器，也可以是螺旋式接线柱。SparkFun 电路模块可以使用一个接线板来设置充电电流大小。

图 5-4 中右边通用型的充电电路模块的充电电流是固定的 500 mA，与充电电池单配对连接。

使用小电流的涓流充电为 LiPo 锂电池充电并不好。如果你想要保证电池满电，比如让它作为备用电池使用，那么你可以让电池连着充电器。

5.6 为一个手机电池充电

许多人都有一个或两个手机，可能静静躺在放在某个抽屉里。手机中最有可能被清理的却也是最有用的器件就是电池了（希望不是因为电池原因你才把手机放在抽屉里的）。

手机电池上的接口会比一般的正负两级接口多。因此我们首先需要来确定电池的正负极接口。

为了找到电池的正负极接口，将万用表调到 DC 20 V 挡位，测试一下电池接口上的所有两两组合，直到电压表上的读数大约为 3.5 V，这个电压值取决于电池的充电情况 [见图 5-5（ b ）]。

（a）　　　　　　　　　　　　（b）

（c）

图 5-5　为一个手机电池充电

手机电池上一般都会有镀金触点，在镀金触点上很容易就能焊接导线。在电池触点上焊接了导线之后，你可以如前文所述来为手机电池充电。图5-5（c）是正在工作的SparkFun充电模块。

> **注意**
>
> 当你使用LiPo锂电池时，假如放电太多（每块电池在3 V以下），这将会永久损坏电池的。大多数新的LiPo锂电池里会集成一个自动切断电路，封装在电池内部，来防止放电过多导致的电池损坏。但是那些回收的电池就不一定有这个功能了。

5.7 使用电池来控制电压

在电池的包装上会写到它们提供的电压，1.5 V、3.7 V或9 V，但是随着电池放电，电池的输出电压也会降低——通常会降低较大比例的电压。

例如，一节1.5 V的碱性AA电池在刚使用时会提供大约1.5 V的电压，之后会快速下降到1.3 V，直到电压下降到1 V前，电池都能提供有效的电能。这就是说，4节AA电池组成的电池组的输出电压会在6~4 V之间。大多数电池，无论是一次性的，还是可充电电池，在使用一段时间后电压都会下降。

电压的下降也许并不十分重要，这也取决于电池给什么样的电路供电。如果电池驱动的是一个电动机或者一个LED灯，电压下降也仅仅会导致电动机转得慢了点，LED灯没有之前那么亮了而已。然而，一些IC器件具有很小的容错范围。有些IC器件设计时就规定工作在3.3 V的电压下，最大工作电压是3.6 V。相似的，假如电压降得太低，这个器件就会停止工作。

事实上，许多数字电路芯片比如微控制器等都设计工作在3.3 V或者5 V的电压下。

为了保证电压平稳，我们需要用到"稳压器"。稳压器具有三个管脚，使用方便，价格低廉。事实上，稳压器的封装形状有点像三极管，稳压器的封装越大，它能够控制的电流就越大。

图5-6是常见稳压器7805的使用方法。

使用一个稳压器芯片和两个电容，任何7~25 V之间的输入电压都会被调整为5 V的输出电压。电容提就像一个电荷的蓄水池，可以帮助稳压器稳定工作。

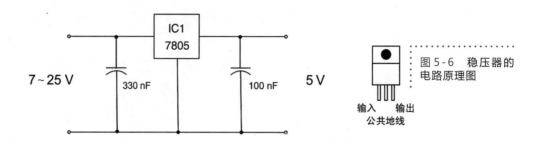

图 5-6　稳压器的
电路原理图

在下述 7805 稳压器的试验中，我们会将电容从电路中删除，这是因为供电电压为稳定的 9 V 电池，负载仅仅是一个电阻而已（见图 5-7）。

图 5-7　使用稳压器
7805 来做试验

真实情况是电路经常要驱动更复杂的负载（换句话说，也要驱动更大电流），这时电容会非常必要。

5.7.1　你需要

数量	名称	试验材料	附录编码
1		无焊面包板	T5
1	IC1	7805 稳压器	K1,S4
1		电池夹	H2
1		9V PP3 电池	

按照图 5-8 中的面包板布板图来将电路搭建好。

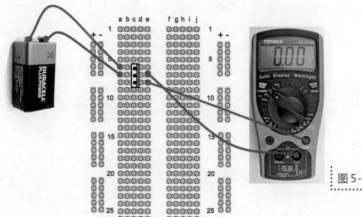

图 5-8　7805 面包板布板图

5.7.2 面包板

电路连接电池，万用表上的读数应该接近5 V。

5 V是一个常见电压，但是有许多输出其他电压值的常见稳压器，例如我们在第四章提过的LM317稳压器，还有一些能够提供恒定电流的器件，也可以被看作稳压器。

表5-5列出了一些常见的稳压器，它们工作在不同的电流下，可以提供不同的输出电压。

表5-5　电压稳压器

输出电压	100 mA	1~2 A
3.3 V	78L33	LF33CV
5 V	78L05	7805(APP A S4)(7-25V in)
9 V	78L09	7809
12 V	78L12	7812

5.8 升压

在"使用电池来控制电压"一节中，使用的稳压器芯片只能在输入电压大于输出电压的情况下工作。一般来说，输入电压要比输出电压高出几伏特才行，有一些昂贵点的稳压器只需要输入电压比输出电压高出0.5 V就可以工作了，这种稳压器叫作LDO（低压差线性稳压器）。

有时当我们需要稍微高一点的电压（通常是5 V）时，可以很方便地使用单个3.7 V的LiPo锂电池来完成，比如移动电话就是个很好的例子。

在这种情况下，你可以使用一个非常有用的电路，叫做"升压降压变换器（buck-boost converter）"。这个升压电路使用一个IC器件和一个小的电感（即线圈）组成，通过将电流脉冲加到电感上来提高电压。实际上的过程比这会复杂很多，但是基本的原理就是这样。

升压降压变换器在一些有名的购物网站上很容易买到。仅需几美元就能在网上买到1 A可调升压降压变换器，它可以将3.7 V的电压放大至5~25 V。可以在搜索引擎里输入"Boost Step-Up 3.7 V"。大的供应商都有相应的电路板，大概5美元。

SparkFun出售一种很有意思的电路模块（见附录，M17）。这个电路模块包含了一个LiPo锂电池充电器和一个升压降压变换器，因此你可以使用外接5 V USB接口给LiPo锂

电池充电，升压降压变换器还可以用3.7 V
的LiPo锂电池来产生5 V的输出电压（见图
5-9）。

图5-9　锂电池充电器和升压器的结合模块

这个电路模块让你可以不用将LiPo电
池拆下来就可以充电。5 V的微控制器电路或
者其他任何电路只需要连接到VCC和GND
上，电池会一直处在电池槽中，要给电池充
电只需要插上USB线即可。

5.9　计算一块电池能够持续的时间

之前我们已经介绍过电池容量的概念了——即一块电池能
够提供的mA·h值。然而，当我们在为电子设计选择能够支
持足够长时间的电池时，还需要考虑到其他的因素。

这虽然是个常识问题，但虽然如此，在实际应用中还是会
容易做出错误的假设。

举例来说，我曾经想要为我的养鸡房做一个自动门。这个
自动门黎明打开，夜晚关闭。它使用一个电动马达，消耗很大
的电流，因此我需要来决定用哪种电池给这个自动门供电。我
一开始想用大型的D电池，或者一个铅酸蓄电池。但是仔细算
了一下，我发现没有必要用这么大容量的电池。

尽管电动机在它每次开关时要消耗1 A的电流，但是这个
自动门一天才开关各一次，每次仅仅持续大约3 s。接着我测
量了控制电路，需要全天一直有1 mA的电流提供。那么，我
们来计算一下控制电路和电动机所消耗的电量mA·h，看一
看不同种类的电池能够维持多长时间。

首先来计算电动机的消耗电量：

1 A ×3 s×2 = 6 A·s = 6/3 600 A·h =0.001 6 A·h
= 1.6 mA·h/天

然后来计算控制电路，之前我以为控制电路消耗的电量在
这个设计中只占一小部分，然而计算结果却是：

1 mA×24 h = 24 mA·h/天

计算结果表明我们可以忽略电动机消耗的电量，因为这段
只占了控制电路消耗电量的十分之一不到。这个自动门设计消
耗的电量可以算作25 mA·h/天。

一节AA电池一般都是3 000 mA·h，因此假如我们使用AA
电池供电，将能够维持3 000 mA·h ÷ (25 mA·h/天) =120天。

计算到这里已经可以了，一节AA电池就能坚持足够长的
时间了。其实最后我用了太阳能电池，我们之后在本章的"如

何使用太阳能电池"一节里会介绍到。

5.10 如何设计备用电池

更换电池是件麻烦事，也浪费金钱，所以使用购买来的Wall-wart电源来为电路供电既便宜又方便。但是这也会有些缺点：

- 设备需要连接到电线上。
- 如果家用电停电了，设备便不能工作了。

两全其美的办法就是为使用家用电源插座供电的电子设备提供一个备用电池。电路既用了电池供电也用到了家用电源插座供电，但是只有在家用电源插座不可用时才会使用电池供电。

5.10.1 二极管

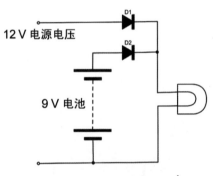

图5-10 备用电池电路原理图

我们不希望电池和电源插座提供的电压相互干扰。比如，如果电源插座的电压比电池高，它会给电池充电。即使使用的电池是可充电的，但是这种充电依然是有害的，因为没有任何电路来控制充电电流。

图5-10是备用电池电路的原理图。电源插座的电压会一直比电池电压高，在图5-10中，电源插座是12 V，而电池是9 V。在这个原理图中，我们假设备用电池要去驱动一个电灯泡。

回忆一下二极管的功能，二极管就好像一个单向的阀门。它们只允许电流向一个方向流动。那么让我们来看看三种可能的供电情况（见图5-11）。这三种情况分别是：仅电源插座供电，仅电池供电，电池与电源插座同时供电。

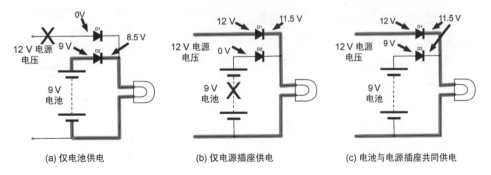

(a) 仅电池供电   (b) 仅电源插座供电   (c) 电池与电源插座共同供电

图5-11 备用电池电路中使用的二极管

仅电池供电

图5-11（a）是当电池还储存有电量，设备的插头没有接

到电源上的情况。二极管 D2 阳极电压应该是电池提供的 9 V。二极管 D2 的阴极通过负载灯泡连接到地线。这样二极管 D2 就是正向偏置，使电流流过二极管和灯泡。正向偏置的二极管上的电压几乎为恒定值，即 0.5 V。因此在二极管右端的电压为 8.5 V。

另一方面，二极管 D1 阴极电压为 8.5 V，阳极电压为 0 V，阴极比阳极电压高，因此没有电流流过二极管 D1。

仅电源供电

如果电池断开，只有电源连接电路［见图 5-11（b）］，那么二极管的工作状态与"仅电池供电"时正好相反，此时是二极管 D1 导通为灯泡供电。

电源与电池同时供电

图 5-11（c）是电源与电池同时供电时的情况。12 V 的电源电压能够保证二极管 D1 阴极出的电压为 11.5 V。由于二极管 D2 的电压是电池提供的 9 V，D2 处于反向偏置状态，二极管关断，电流无法从电池内流出。

5.10.2 涓流充电

我们有了电池与电源，就意味着已经具备了为电池充电的基本要素。比如说，我们可以在一个电池盒内使用 6 节 AA 可充电电池，然后通过电源以 C/20，即 100 mA（假设 C=2 000 mA·h）的电流给电池充电。

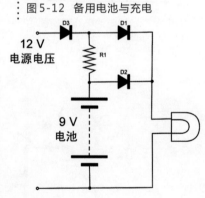

图 5-12　备用电池与充电

通过这样的方式，电池能够一直被充电，在电源断开的情况下随时能够提供电能。图 5-12 是这个电路的原理图。

也许你会觉得没有必要放置二极管 D3。放置二极管 D3 的原因是我们不知道电源是如何设计的，因此我们不知道电池通过电阻 R1 连接电源的输出端后会用什么样的影响。这也许会使电池放电或者损坏电源。二极管 D3 保护了电源，确保没有电流回流到电源里。

我们希望电阻 R1 上流过的充电电流为 100 mA，当电池与电源都连接电路时，电阻 R1 两端的电压为 12 V-0.5 V-9 V 即 2.5 V。因此，使用欧姆定律，电阻的值应该为：

$R = V/I = 2.5\ V/0.1\ A = 25\ \Omega$

阻值接近 25 Ω 的标准电阻阻值为 27 Ω。

电阻功率为：$P = V_2/R = 2.5_2/27 = 0.23\ W$。

因此 0.5 W 或者 0.25 W 的电阻就可以正常工作。

5.11 如何使用太阳能电池

表面上看，太阳能电池似乎是一种完美的电源。它们可以将太阳能转化成电能，从理论上来说你不需要更换电池，也不需要将设备插在电源插座上充电。

然而，就像世界上其他事物一样，现实总是比理论复杂得多。太阳能电池，除非体积非常大，否则仅能提供较小的电能，因此太阳能电池最适合低功率设备和那些远离家用电的室外设备。

如果你想在室内设备上使用太阳能电池，除非这个设备能够放置在朝南的窗下，但是我真的不建议你这样做。太阳能电池不是非要阳光直射在太阳能电板上，但是如果想要产生有用的电能，它们还需要一个开阔的光照环境。

我曾经做过两个太阳能项目，一个是太阳能供电的收音机（太阳能电池板和收音机一样大，并且必须放置在窗户旁），另一个是太阳能电池供电的养鸡房自动门。如果你住在经常晴天的地方，那么会比较适合使用太阳能电池。

图 5-13 太阳能电池板

图 5-13 是一个普通的太阳能电池板，这个电池板是从一个安全灯装置上拆卸下来的。它有 6 英寸长，4 英寸宽，带有一个转座可以让电池板面向太阳放置。这就是我用在养鸡房自动门上的太阳能电池板。

使用太阳能板供电的设计几乎都会有一个可充电电池。太阳能电板给电池充电，然后电池为电路提供电能。

单个小太阳能电板一般只能提供 0.5 V 的电压，因此通常都是将多个太阳能电板结合起来制作成大的面板，这样可以提高电板电压的大小，使它足够为太阳能电池充电。

太阳能电板上标注的电压通常是指太阳能电板所能充电的电池电压。这是因为这样，我们会经常遇到标注 6 V 或者 12 V 电压的太阳能电板，但是放在阳光下测量时发现读数会高很多，可能标注 12 V 的太阳能电板的读数为 20 V。但是为电池充电时，电压下降得很快。

5.11.1 测试一个太阳能电板

太阳能电板上标有功率和名义上的电压。这些都是理想状态下的数据，所以当我在一个项目里使用太阳能电板时，我习惯于测试一下实际的参数是多少。如果不知道太阳能电板到底在实际情况下提供多大的电压，很难决定将要使用的电池以及控制电路中电流的大小。

当测试一个太阳能电板时，需要在太阳能电板的输出端连接一个电阻作为"假负载"。然后将太阳能电板放置在不同位置，不同光照度下，测量电阻两端的电压。这样你就可以计算出太阳能电板提供的电流值了。

图 5-14 是我设计的养鸡房自动门的太阳能电板测试的情况。图中太阳能电板在我摄影使用的灯箱照射条件下，100 Ω 负载电阻的两端电压为 0.18 V。那么流过电阻的电流为 1.8 mA。

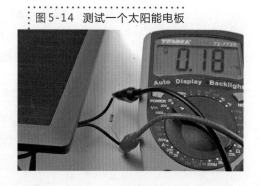
图 5-14　测试一个太阳能电板

我发现用电子表格来记录太阳能电板的表现会非常合适。图 5-15 是一个电子表格的摘录，并制作成了柱状图。你可以在下次要使用太阳能电板时打开这个表格来作为参考。

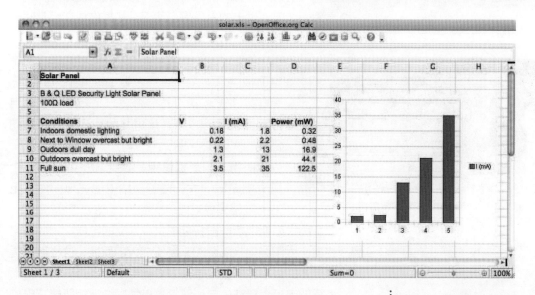

图 5-15　太阳能电板数据

这个电子表格可以从 www.hackingelectronics.com 网站上下载，但是其实里面的数学计算并不复杂。

如图 5-15 所示，太阳能电板在室内明亮的人造光下也仅能提供 1~2 mA 的电流。在室外开阔的条件下太阳能电板的表现会好很多，但是还是在太阳光直射的情况能够产生较高的电能。

5.11.2　使用太阳能电板涓流充电

由于太阳能电板在低光照情况下，也能够产生一定的电压，它们可以很方便地用来给另一个电池进行涓流充电。然而，在涓流充电过程中，必须使用一个二极管来保护太阳能电板，防止电池的电压比太阳能电板高（比如在夜晚的情况下），如果电流回流会损坏太阳能电板。

图5-16是典型的涓流充电电路的原理图。

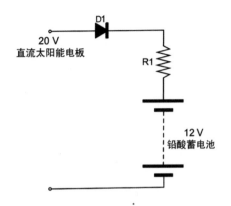

图5-16 太阳能涓流充电的电路原理图

太阳能电板经常会被用来给铅酸蓄电池充电。这是因为铅酸蓄电池能够承受一定的满电过充，并且比起其他电池，比如MiMH镍氢电池，具有更低的自放电率。

5.11.3 最小化电源功耗

当计划在一些小的室外设计中使用太阳能电板时，需要保证太阳板为电池充电的电量足够多。

如果你住在加利福尼亚州南方，要设计一个太阳能电板的项目会很容易。这里每年都会有很充足的光照。然而，如果是在远离赤道的地区，比如说，海洋性气候的地区，这些地区在白天时也会经常阴天，并且冬季的白昼时间很短。可能连续几周在短暂的白昼都是阴天。如果你的设计需要常年运行，你需要准备一个电量足够大的电池可以在阴天期间坚持数周的时间，或者使用一个更大的太阳能电板。

其中的原理很简单。电能从太阳能电板流入电池，再从电池流出为设备供电。设备也许需要一直保持工作状态，但是太阳能电板只有在大约一半的时间内工作（白昼）。因此，你需要先规划好在一周或两周的最差情况下，设备也能够正常工作。

努力减小系统所需的电流要比增加太阳能电板大小和电池容量更为简单和便宜。

小结

　　在本章中，我们学习了如何为我们的设计供电。在下一章中，你将会学到如何使用非常流行的 Arduino 微控制器电路板。

第 6 章

使用Arduino开发板

微控制器的本质其实就是芯片上的低功耗计算机。微控制器包含输入/输出管脚，用户可以将一些电子器件连接到这些管脚上，来完成某些特定的功能。在过去，使用一个微控制器经常是一个很复杂的过程，很大原因是微控制器需要编程。这些程序需要用汇编语言或者C语言来写。在你使用微控制器之前就需要学习很多东西。正因为如此，在一些非正式的电子设计里使用微处理器会比较麻烦。

让我们开始介绍Arduino开发板（见图6-1）。Arduino开发板使用方便，价格便宜，现成的电路板，在电子设计中使用会让微处理器使用起来不那么麻烦。

Arduino开发板在世界范围内大量出售，成为了电子爱好者和制造商使用微控制器时的选择平台。

Arduino开发板如此流行的原因有很多，包含以下方面：

- 低成本
- 开源硬件设计
- 易用的集成开发环境（IDE）可供编写程序使用
- 带插槽，具有拓展功能，可以在Arduino开发板的顶部增加显示屏和电动机等驱动单元

本章中所有使用到的Arduino开发板程序都可以从本书网站上下载：（www.hack-ingelectronics.com）。

本书中的用例在Arduino Uno和Arduino Leonardo开发板上都可以使用。但是有两个项目除外，它们是"如何自动输入密码"和"如何制作一个USB音乐控制器"（见第9章），这两个项目都只能在Arduino Leonardo开发板下工作。

Arduino Leonardo开发板较新。开发板和外围功能扩展板之间也许会有些兼容性问题。所有在R3以太网外围功能扩展板之前的以太网外围功能扩展板都会遇到这个问题。因此，如果你手上有一个老版的Ethernet以太网外围功能扩展板，那么在本章6.8节"如何使用网页控制一个继电器"中，只有Arduino Uno开发板才可以正常工作，而Arduino Leonardo就不行了，除非你有一个R3外围功能扩展板。

图6-1 Arduino Uno开发板

6.1 如何设置Arduino开发板（使一个LED灯闪烁）

如果要在Arduino开发板上编程，我们首先要在计算机上安装Arduino集成开发环境（IDE）。Arduino可以在Windows，Mac和Linux操作系统上使用。

6.1.1 你需要

数量	试验材料	附录编码
1	Arduino Uno/Leonardo 开发板	M2/M21
1	USB线；Uno使用Type B类型的线，Leonardo使用Micro USB类型的线	

6.1.2 设置Arduino

首先，要从Arduino官方网站http://arduino.cc/en/Main/Software下载安装程序到计算机里。

安装程序下载成功后，你可以在http://arduino.cc/en/Guide/HomePage里找到每个系统的安装说明。

Arduino开发板上手容易，你只需要一个Arduino开发板，一台计算机和一个将开发板和计算机连接在一起的USB线就可以了。开发板可以通过计算机USB接口供电。图6-2中，一台Arduino Uno（最常见的Arduino型号）连接到一台运行着Arduino IDE开发软件的计算机上。

为了验证Arduino开发板是否正常工作，我们可以写一个小程序，来点亮Arduino开发板上标有"L"字母的LED灯，这种LED灯通常称为"L"LED。

在计算机上加载Arduino IDE软件，然后，单击"文件（File）"菜单（见图6-3），选择"例子（Example）"|01.

图6-2 Arduino开发板，笔记本计算机和我养的鸡

基础（01.Basics）|闪烁（Blink）。

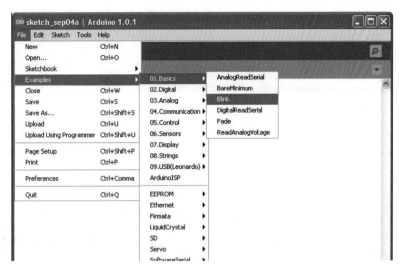

图 6-3 加载
"Blink"程序

为了不让业余非程序员望而却步，我们不使用听起来挺难
的"程序"一词，而把这些程序称为"简述"。在我们将闪烁
程序（Blink）发送到 Arduino 开发板前，我们需要告诉 Ar-
duino IDE 开发环境我们现在正在使用的是哪一款 Arduino 开
发板。最常见的是 Arduino Uno 开发板，在本章内我们假设
使用的就是 Arduino Uno 这款开发板。在工具（Tools）|开
发板（Board）菜单里，选择 Arduino Uno（见图 6-4）。

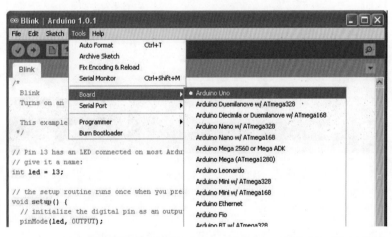

图 6-4 选择开发板型号

在选择开发板型号的同时，我们还需要选择开发板的端
口。在 Windows 系统下会比较简单，端口为 COM3 或者
COM4（见图 6-5）。然而，在 Mac 或者 Linux 系统里，一般
都会显示有更多的串行设备。但是，Arduino IDE 会将最近连
接的串行设备显示在最前面，因此需要保证 Arduino 开发板位
于队列的顶端。

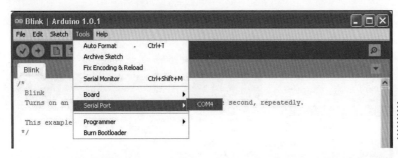

图6-5 选择串行
端口

单击工具栏上的上传（Upload）按钮，将程序加载到
Arduino开发板上。上传（Upload）按钮位于工具栏的左边
第二个，在图6-6中以黄色高亮的按钮显示。

图6-6 上传Blink程序

单击上传（Upload）按钮之后，会有一系列的程序运行。
首先，在Arduino IDE第一次编译（将编写的程序转化为适合
上载的格式）"简述"时，会出现一个进度条。接着，Arduino
上的LED灯——标有Rx和Tx——应该会闪烁一阵。

最终，标有"L"字样的LED灯会开始闪烁。Arduino
IDE环境会显示消息"二进制程序大小：1 084 bytes（对于
32 256 byte的最大值来说）。"这表示程序占用了Arduino程
序可用的32 kB闪存大约1 kB的空间。

注意，如果你使用的是Leonardo开发板，你可能
会需要一直按住Reset键，直到在Arduino软件里消息

"Uploading…"显示出来。

6.1.3　调整闪烁代码

也许当你第一次给Arduino开发板上电时就发现开发板上的LED灯已经闪烁了。这是由于常常在发货时Arduino开发板已经安装了LED闪烁程序了。

如果遇到这样的情况，你可以通过改变闪烁的频率来验证程序在开发板上确实实现这个功能了。我们现在来看一下LED闪烁功能的代码，来看看如何调整这部分代码来让LED闪烁得更快一些。

LED闪烁功能代码的第一部分只是一段注释，告诉使用者这段代码实现的功能。这并不是真正的程序代码，在程序上载之前，会将所有"注释"都剔除掉，忽视任何在"/*"和"*/"之间的代码。

```
/*
  Blink
  Turns on an LED on for one second, then off for
one second, repeatedly.
  This example code is in the public domain.
*/
```

还有一些单独的行注释是以"//"开头的。与之前"/*"和"*/"注释一样，"//"的注释的作用也是让使用者明白某段程序的含义。在下面的例子里，注释告诉我们使用管脚13来设计闪烁的LED灯。选择13管脚的原因是，在Arduino Uno开发板内，管脚13连接着内置的"L"LED灯。

```
// Pin 13 has an LED connected on most Arduino
boards.
// give it a name:
int led = 13;
```

程序的下一部分是"setup"函数。每个Arduino程序都必须包含一个"setup"函数，这个函数在每次Arduino开发板重启时都要运行，不论是用户按下了Reset重启键，还是在Arduino上电时（如注释所示）。

```
// the setup routine runs once when you press
reset:
void setup() {
  // initialize the digital pin as an output.
  pinMode(led, OUTPUT);
}
```

对于编程新手来说，这段代码的结构会有点令人困惑。函数是指一段具有名称的代码（在这个例子里，函数名是"setup"）。在这里，简单起见，只需要将上述代码当作一个模板，记住这段程序必须以"void setup(){"作为第一行的代码。之后，在每一行写入你想要的指令，并在结尾处加一个分号"；"。最后在函数结尾处加上"}"符号。

在这个例子里，我们想要 Arduino 完成的唯一指令是"pinMode(led, OUTPUT)"。它的功能是将这个管脚设置为输出。

接下来说程序的重点部分："loop"函数。

和"setup"函数一样，每个 Arduino 程序都必须有一个"loop"函数。但是不同于"setup"函数在 reset 重启之后仅仅运行一次，"loop"函数连续地循环。这就是说，只要"loop"函数里的指令执行完毕，就会从头再执行一遍。

在"loop"函数里，我们先使用指令"digitalWrite (led, HIGH)"来开启 LED 灯。然后使用指令"delay (1 000)"来加入一个延时。延时函数里的数值 1 000 表示 1 000 ms，即 1 s。然后我们再将 LED 等关闭，接着延时 1 s，程序循环运行。

```
// the loop routine runs over and over again forever:
  void loop() {
  digitalWrite(led, HIGH);    // turn the LED on (HIGH is the voltage level)
  delay(1000);                // wait for a second
  digitalWrite(led, LOW);     // turn the LED off by  making the voltage LOW
  delay(1000);                // wait for a second
}
```

我们可以通过将两个延时 1 000 ms 都改为 200 ms 来使 LED 等闪烁得更快。现在你的"loop"函数应该和下面的程序一样：

```
void loop() {
  digitalWrite(led, HIGH); // turn the LED on (HIGH is the voltage  level)
  delay(200);                 // wait for a second
  digitalWrite(led, LOW);     // turn the LED off by making the voltage LOW
  delay(200);                 // wait for a second
}
```

如果你打算在程序上传之前保存一下，系统会发出提醒这个程序是"只读"的，Arduino IDE 软件提供给用户"另存为"的功能，在副本里面可以修改代码的核心部分。

当然也不一定非要保存代码。你可以不保存代码，直接上传到 Arduino 开发板上。但是如果需要保存程序，可以在 Arduino IDE 的菜单 File | Sketchbook 里找到保存选项。

再次单击 Upload 按键，当上传完成后，Arduino 开发板会自动重启，你会发现 LED 灯闪烁频率会变快很多。

6.2 如何使用Arduino开发板控制一个继电器

Arduino开发板的USB接口的功能不仅仅是为Arduino开发板传输程序。用户还可以使用Arduino开发板上的USB接口在计算机和Arduino开发板之间传输数据。如果连接一个继电器到Arduino开发板上，我们可以使用计算机发送命令给继电器，来控制它的开启与关断。

6.2.1 继电器

继电器（见图6-7）是一个电动机械开关。这种技术是一种老技术了，继电器价格便宜并且容易使用。

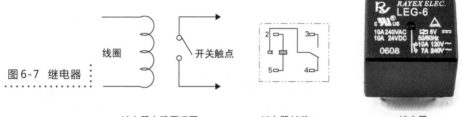

线圈　开关触点

图6-7 继电器

继电器电路原理图　　继电器封装　　继电器

继电器实际上是一个能控制开关触点接触或分离的电磁铁。继电器的线圈和开关触点电气隔离，因此继电器特别适用于控制使用家用电的设备的开启与关断，比如Arduino开发板。

由于继电器的线圈的激励电压在5～12 V之间，开关触点可以控制大功率、高电压的负载。比如说，图6-7中的继电器上的参数显示它的最大电流：在AC 120 V交流电下为（家用电）10 A，在DC 24 V直流电下为10 A。

6.2.2 Arduino 输出

Arduino开发板的输出，以及输入，都被称为"管脚"。但是如果你观察Arduino开发板边上的连接，你会发现输出与输入大多都是插孔而不是管脚。之所以将它们称为管脚，是因为这些插孔连接着Arduino开发板中心的微控制器芯片的管脚。

每一个"管脚"都可以当作输入，也可以当作输出。当它们作为输出使用时，每个管脚可以提供最大40 mA的电流。这么大的电流足够点亮一个LED灯了，但是还不够激励一个继电器线圈，一般来说至少需要100 mA的电流才可以。

这个问题我们在之前也遇到过了。由于我们想要使用一个小电流来控制一个大电流，可以使用三极管来完成这项功能。

图6-8是这个电路的原理图。

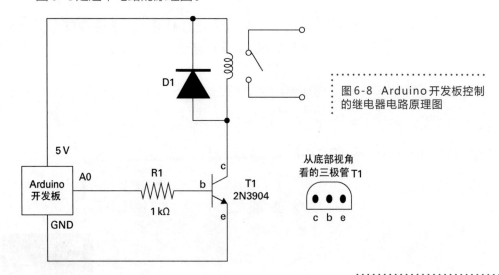

图 6-8 Arduino 开发板控制的继电器电路原理图

这里使用的三极管和我们之前控制一个LED灯时使用的一样。主要的区别在于在继电器线圈的两端加了一个二极管。这是由于当你关闭继电器后，线圈内的磁场衰减，会出现一个尖峰电压。二极管能够防止这个尖峰电压对电路造成伤害。

图 6-9 Arduino 开发板继电器接口

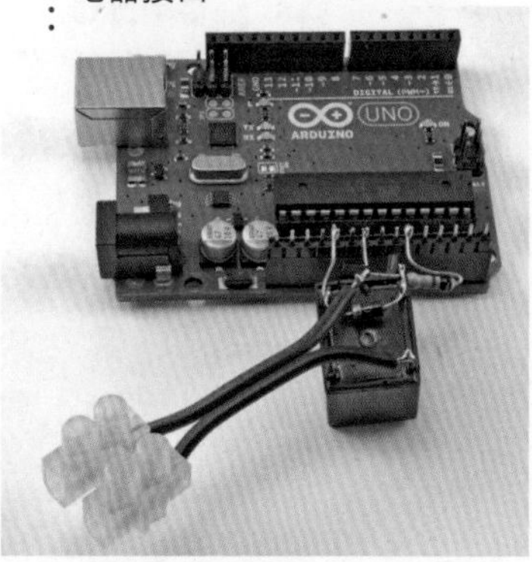

现在我们要将元器件焊接到继电器上，然后在一个排针上连接上必要的导线，再将排针插入 Arduino 开发板（见图6-9）。这里用的排针具有15个插脚，跨越靠近微处理器芯片的两个排针插座。在 Arduino 开发板上两个排针插座之间有一个间隔，因此排针的其中一个管脚实际上没有插入排针插插座。

数量	名称	试验材料	附录编码
1		Arduino Uno/Leonardo 开发板	M2/M21
1		USB线；Uno 使用 Type B 类型的线，Leonardo 使用 Micro USB 类型的线	
1		三极管 2N3904	K1,S1
1	R1	1 kΩ 0.25 W 的电阻	K2
1	D1	1N4001 二极管	K1,S5
1	Relay	5 V 继电器	H16
1		*15 管脚的排针转接口	K1,H4
1		双向螺丝接线柱	H5

*注意：排针转接口通常长度都会很长，这样的设计可以让排针插入你需要的任何数量的连接。

6.2.3　电路搭建

图 6-10 是继电器连接的示意图。首先，将二极管焊接到继电器线圈的触点上。这两个触点位于继电器上有三个触点连成一排中的两边两个。二极管元器件上的标记线条应该位于右端，如图 6-10 所示。

在把二极管焊接到继电器线圈两端之后，将三极管的引脚弯曲成图 6-10 中所示的形状，三极管元器件的平面与继电器相对。剪短三极管位于中间的基极（base）引脚，剪短电阻的引脚然后将该引脚连接到三极管的基极引脚。

最后，焊接排针的三个管脚。电阻引线应该焊接到左数第 6 针上，三极管的发射极应该焊接到左数第 9 针上，二极管管脚焊接到左数第 11 针上。

在我们将两条导线连接到继电器触点上之前，我们可以使用一个处于"通路测试"挡位的万用表来测试一下。参考图 6-9，将排针插入 Arduino 中，用万用表（处于"通路测试"档位）的一个表笔接触继电器中间的触点（在两个二极管引线之间）。再用万用表的另一个表笔分别接触继电器上剩下两个未连接的触点。接触其中一个触点时，万用表会发出警报，而接触另一个时不会。将导线连接到那个不会使万用表发出警报的触点上——这个触点是 n.o. 触点（通常是常开触点）。

加载"relay_test"程序到 Arduino 开发板上。当 Arduino 开发板重启时，应该能看到每隔 2 s 继电器都从断开状态变为闭合状态。

6.2.4　软件

继电器的程序与 LED 闪烁程序相似：

```
// relay_test
int relayPin = A0;

void setup()
{
  pinMode(relayPin, OUTPUT);
}

void loop()
{
  digitalWrite(relayPin, HIGH);
  delay(2000);
  digitalWrite(relayPin, LOW);
  delay(2000);
}
```

不同之处在于我们使用的是管脚 A0 而不是管脚 13。Arduino 开发板能够让用户将模拟信号输入的 A0～A5 管脚当作数字输入或输出使用，但是当用户将管脚 0～5 用作数字输入输出时，必须要在管脚号之前加上字母 A。

一切就绪，为了更方便地在继电器触点上连接负载，我们可以在两个触点上焊接一段导线，使用一个双向螺旋式接线柱（见图 6-11）。

图 6-11 在继电器触点上焊接导线

继电器模块可以控制一系列的负载。可以用来控制 110 V 或者 240 V 家用电设备，但是在你使用高压家用电之前要提起注意。所有东西都必须保持绝缘，整个项目都要封装在塑料盒内，不小心触摸到带电导线每年都会使很多人失去生命。

在下一节中，你会学到如何使用已经做好的继电器模块来制作一个能够被 Arduino 开发板控制开启关闭的电子玩具。

6.3 如何制作一个能被 Arduino 开发板控制的玩具

继电器最大的优点是能够像开关一样。这样如果你希望做一个能用 Arduino 开发板控制开启关闭的电子产品，并且这个电子产品内包含一个开关，那么你只需要在开关两端焊接一些导线，将这些导线连接在继电器上就行了。这样做的话可以保证使用开关和继电器两种方式都能控制这个电子产品的开关。但是如果你不希望还保留原始的开关，可以将这个开关从电路中去除，在接下来介绍的例子中我们就是这样做的。

图 6-12 等待被解剖的倒霉小电子甲壳虫

我们将要改造的电子玩具是一个小电子甲壳虫（见图 6-12）。

6.3.1 你需要

除了在上一节"如何使用 Arduino 开发板控制一个继电器"中我们已经做好的继电器模块外，这个试验还需要以下材料：

数量	试验材料	附录编码
1	Arduino Uno/Leonardo 开发板	M2/21
1	USB线；Uno使用Type B类型的线，Leonardo使用Micro USB类型的线	
1	一个具有开关的电动玩具（电池供电）	
1	双股多芯导线	

6.3.2　电路搭建

　　将电动玩具拆开，你能看到连接开关的导线（见图6-13）。将开关脱焊，在原来连接开关的导线上再焊接两条导线［见图6-13（b）］。注意在裸露的导线处应该使用绝缘胶带来避免意外的短路［见图6-13（c）］。

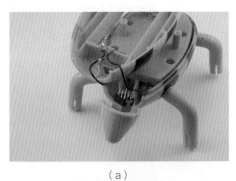

（a）

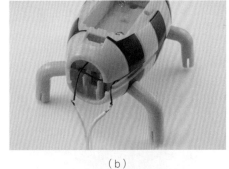

（b）

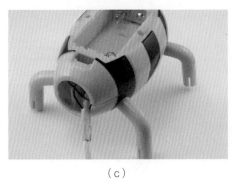

（c）

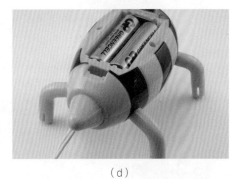

（d）

图6-13　改装电动玩具

（e）

然后将这个电动玩具组装起来，把刚焊接的导线从缝隙里留出来［见图6-13（d）］。如果你使用的电动玩具上没有合适的缝隙，那么你需要自己钻一个小洞。

最后，这个电动玩具就可以使用了，把继电器模块的接口插入 Arduino 开发板并将玩具上伸出的两条导线连接到继电器的螺旋式接线柱上［见图6-13（e）］。如果 Arduino 开发板上还写有测试程序，你会发现电动玩具会几秒开启一次然后再关断。

这种功能不是很有用。我们将会使用另一个程序，这个程序能够从计算机上向 Arduino 开发板发送指令。这个程序的名字叫作"relay_remote"。

将这个程序上传到 Arduino 开发板上。然后，单击 Arduino IDE 开发环境右上角的按钮来打开 Serial Monitor（这个按钮在图6-14中用红圈标注出来）。

图6-14　打开 Serial Monitor

6.3.3　Serial Monitor

Serial Monitor 是 Arduino IDE 的一部分，它能够帮助用户在计算机和 Arduino 开发板之间传输数据（见图6-15）。

在 Serial Monitor 的顶端区域，用户可以输入指令。当单击"发送"按钮后，这些指令会被发送到 Arduino 开发板上。我们在下方区域里能够看到 Arduino 接收到的指令。

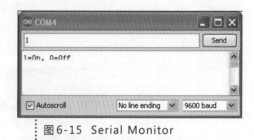

图6-15　Serial Monitor

试着输入数字1然后单击"发送"按钮。这个指令会启动电动玩具。输入数字"0"，会让电动玩具停止。

6.3.4　软件

接下来让我们看一下程序代码：

```
// relay_remote
int relayPin = A0;

void setup()
{
  Serial.begin(9600);
  Serial.println("1=On, 0=Off");
  pinMode(relayPin, OUTPUT);
}
```

```
void loop()
{
  if (Serial.available())
  {
    char ch = Serial.read();
    if (ch == '1')
    {
      digitalWrite(relayPin, HIGH);
    }
    else if (ch == '0')
    {
      digitalWrite(relayPin, LOW);
    }
  }
}
```

注意"setup"函数里多了两行代码
```
Serial.begin(9600);
Serial.println("1=On, 0=Off");
```

第一行代码是通过串行端口以 9 600 bit/s 的波特率发起串行通信。第二行代码发送一个提示消息，这行代码会告诉我们在 Serial Monitor 中输入指令能够完成的功能。

在"loop"函数里第一次用到了"Serial.available()"函数来检查计算机是否有任何通信等待执行。如果有，那么这个值将会被读入一个字符变量里。

接下来是两个 if 语句。第一个 if 语句检查字符变量是否为"1"，如果是，将会开启电动玩具。如果不是，即变量为"0"，将会关断电动玩具。

我们这里介绍得比较粗略，如果你需要了解 Arduino 的程序是如何运行的，你可以考虑购买本书作者写的另外一本书：《Programming Arduino: Getting Started with Sketches》。

6.4 如何使用一个 Arduino 开发板测量电压

图 6-16　连接到 Arduino 开发板上的可变电阻

在 Arduino 开发板上标有 A0 ~ A5 的管脚用于模拟信号的输入。这就是说，你可以使用这些管脚来测量电压大小。具体来说，你需要使用可变电阻（电位器）连接到 A3 管脚上来作为分压器使用（见图 6-16）。

如果你跳过了第 3 章中 3.2 节"如何使用电阻来分压"，最好能够回头简单看一下。

6.4.1 你需要

这个试验中你需要下列材料：

数量	名称	试验材料	附录码
1		Arduino Uno/Leonardo 开发板	M2/M21
1		USB 线；Uno 使用 Type B 类型的线，Leonardo 使用 Micro USB 类型的线	
1	R1	10 kΩ 可变电阻	K1,R1

6.4.2 电路搭建

这个电子设计的电路搭建非常简单。并不需要焊接操作，我们只需要将可变电阻的三个管脚插入 Arduino 插座的 A2，A3 和 A4 管脚即可。图 6-17 是这个设计的原理图。

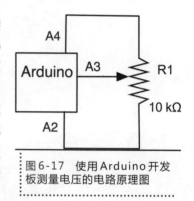

图 6-17　使用 Arduino 开发板测量电压的电路原理图

你也许会疑惑这个电路是怎么工作的，你也许会觉得一般来说可变电阻的顶端应该连接 5 V 的 VCC 而底部应该连接地线 GND。由于一个 5 V 电压下的 10 kΩ 电阻上的电流只有 0.5 mA，我们可以使用 A2 当作数字信号输出，将 A2 设为 0 V，A4 设为 5 V。

把可变电阻器插入 Arduino 开发板，使中间滑块连接到管脚 A3，可变电阻两边的引脚连接 Arduino 的 A2 与 A4 管脚。

软件

将程序"voltmeter"加载到 Arduino IDE 中，然后写到 Arduino 开发板上。打开 Serial Monitor 工具，应该如图 6-18 所示。

试着将旋钮从一端旋转至另外一端。你会发现电压值会在 0 ~ 5 V 之间变化。

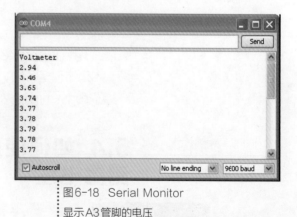

图 6-18　Serial Monitor 显示 A3 管脚的电压

```
// voltmeter

int voltsInPin = 3;
int gndPin = A2;
int plusPin = A4;

void setup()
{
  pinMode(gndPin, OUTPUT);
  digitalWrite(gndPin, LOW);
  pinMode(plusPin, OUTPUT);
  digitalWrite(plusPin, HIGH);
  Serial.begin(9600);
```

```
    Serial.println("Voltmeter");
}

void loop()
{
    int rawReading = analogRead(voltsInPin);
    float volts = rawReading / 204.8;
    Serial.println(volts);
    delay(200);
}
```

这个程序像之前一样定义了管脚。注意当把这几个管脚当作模拟信号输入使用时，我们只写它们的管脚号码。因此A3管脚就写作3。然而，由于我们使用A2管脚和A4管脚作为数字信号的输出管脚，我们必须在它们前面保留字母A。

在串行通信开始和发送欢迎消息之前，"setup"函数设置了管脚模式，还将"gndPin"和"plusPin"两个参数分别设置为"低电平LOW"和"高电平HIGH"。

在loop函数里，我们使用"analogRead"函数来获得数值在0~1023之间的一行数列，其中数值0表示0 V，而数值1 023表示5 V。要将这个数值转化成实际电压值，我们需要用该数值除以204.8（1 023/5）。使用读数的原始整型数据（范围在0~1 023）来除以小数204.8（在Arduino程序里称为浮点数据），得到的结果也会是一个浮点数据，因此我们制定"volt"变量的数据类型为浮点数据。

最后，我们得到一个电压值然后等待200 ms后，开始读下一个电压值。用户在开始读下一个电压值之前不需要等待，这个200 ms的延时只是为了防止电压读数在屏幕上闪烁太快，让用户读不到数。

在下一节中，我们将会使用相同的硬件，添加上一个额外的LED灯，略微调整一下代码来控制外部LED灯闪烁的频率。

6.5 如何使用Arduino开发板来控制一个LED灯

这个电子设计会帮助我们掌握以下三点内容。第一，掌握如何使用Arduino开发板来驱动一个LED灯。第二，如何使用一个可变电阻的读数来控制闪烁频率。第三，我们会学到如何使用Arduino开发板来控制LED的功率从而控制它的亮度（见图6-19）。

图6-19 Arduino开发板，可变电阻和LED灯

6.5.1 你需要

这个试验需要以下材料：

数量	名称	试验材料	附录编码
1		Arduino Uno/Leonardo 开发板	M2/M21
1		USB 线；Uno 使用 Type B 类型的线，Leonardo 使用 Micro USB 类型的线	
1	R1	10 kΩ 可变电阻	K1,R1
1	R2	220 kΩ 电阻	K2
1	D1	LED	K1

6.5.2 电路搭建

正如我们在第 4 章讲述的一样，LED 灯需要串联一个电阻来防止有过大的电流流过 LED。这就是说，我们不能将 LED 直接插入 Arduino 的输出管脚。因此，我们首先准备好一个 LED 灯和一个电阻，剪短它们准备相连的两根导线，再将它们焊接起来，制作成一个 LED 和电阻的组合，就可以将它们插入 Arduino 开发板了。图 6-20 是 LED 和电阻组合的操作步骤。

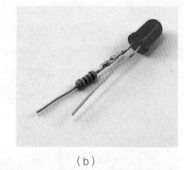

（a）　　　　　　　（b）

图 6-20　制作一个 LED 灯与电阻的组合

为了避免混淆，最好能将电阻连接到二极管的阳极引线上（正极长引线），并保持焊接后正极连接电阻的引线总长度大于阴极引线，这样你就可以分清楚哪个是正极哪个是负极了。

图 6-21 是这个电路的原理图。

我们将使用管脚 9 作为 LED 的数字输出，LED 的阴极连接 GND。在做完这个设计后，把这个电阻和 LED 的组合器件保存好，我们在之后的章节中还会用到它。

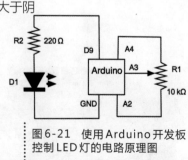

图 6-21　使用 Arduino 开发板控制 LED 灯的电路原理图

6.5.3 软件（闪烁功能）

在这个硬件设计上你将会使用两个不同的程序。第一段程序是使用可变电阻来控制 LED 灯闪烁的速度，而第二个程序是控制LED的亮度。

　　将LED灯和电阻的组合连接到Arduino开发板上，如图6-19所示，然后在Arduino开发板上加载程序"variable_led_flash"。你会发现调整可变电阻的旋钮可以控制LED闪烁的速度。

```
// variable_led_flash

int voltsInPin = 3;
int gndPin = A2;
int plusPin = A4;
int ledPin = 9;

void setup()
{
  pinMode(gndPin, OUTPUT);
  digitalWrite(gndPin, LOW);
  pinMode(plusPin, OUTPUT);
  digitalWrite(plusPin, HIGH);
  pinMode(ledPin, OUTPUT);
}

void loop()
{
  int rawReading = analogRead(voltsInPin);
  int period = map(rawReading, 0, 1023, 100, 500);
  digitalWrite(ledPin, HIGH);
  delay(period);
  digitalWrite(ledPin, LOW);
  delay(period);
}
```

　　这段程序与之前一节介绍的程序类似，不过这里我们用不到Serial Monitor工具，因此与Serial Monitor有关的那段程序就被删除了。我们需要定义一个LED使用的新管脚"ledPin"。

　　"loop"函数仍然是用来读出模拟信号管脚A3的原始数值，但是在"loop"函数里使用到了"map"函数来将"rawReading"变量里储存的大小在0~1 023之间数值转变为大小在100~500之间的数值。

　　"map"函数是一个标准的Arduino指令，它可以调整输入信号的数值大小范围。"map"函数中的第一个参数是输入信号，第二和第三个参数表示原始数据的范围，第四和第五个参数是用户希望调整到的目标数值范围。

　　接着我们使用这个调整后的数值（100~500）来作为LED灯开与关之间的延迟。导致的结果是当管脚A3越接近0 V，LED灯会闪烁得更快。

6.5.4 软件（亮度）

我们可以使用完全相同的硬件，但是加载不同的软件程序来控制 LED 的亮度。在这个试验里，我们需要使用"analogWrite"函数来改变管脚上的电压。这个功能仅仅适用于 Arduino 开发板上标记有"~"标识的管脚。幸运的是，我们之前考虑到了这点，选择了一个具有"~"标识的管脚来连接 LED 灯。

这些标有"~"标志的管脚可以使用"脉冲宽度调制（PWM）"技术来控制输出电压。脉冲宽度调制技术是靠发送一系列的脉冲实现的，大概每秒 500 次。这些脉冲可以仅仅保持很短一段时间的高电平，在这种情况下脉冲携带了较少的能量；脉冲还可以在下一个脉冲马上要到来时才变为低电平，这种情况下脉冲携带了较多的能量。

如果将 PWM 波用在 LED 灯上，在每个周期内，LED 灯要么一段时间亮一段时间灭，要么一直保持亮。由于一个 PWM 波周期很短暂，人类的视觉根本分辨不出变化如此快速的闪烁，因此在我们看来就是 LED 的亮度变化了。

加载程序"variable_led_brightness"到你的 Arduino 开发板上。你会发现，现在可变电阻控制的是 LED 的亮度，而不是闪烁的快慢了。

这个程序与上一节的程序几乎完全相同，只是以下"loop"函数内的内容不同。

```
void loop()
{
  int rawReading = analogRead(voltsInPin);
  int brightness = rawReading / 4;
  analogWrite(ledPin, brightness);
}
```

"analogWrite"函数的输入范围要求在 0~255 之间，因此我们可以将我们在 0~1 023 范围内的原始数值除以 4，得到的数值大致在 0~255 的范围之内。

6.6 如何使用 Arduino 开发板播放声音

我们在本章开始时介绍的第一个程序是控制 LED 灯开启与关闭的。如果我们让数字输出管脚开启与关闭变为很快的频率，我们可以驱动一个发声器发出声音。图 6-22 是一个简单的发声器，当按键按下时可以发出两种音调的一种。

图 6-22 一个简单的 Arduino 发声器

6.6.1 你需要

想让你的 Arduino 开发板发出声音，你需要以下材料：

数量	名称	试验材料	附录编码
1		Arduino Uno/Leonardo 开发板	M2/M21
1		USB 线；Uno 使用 Type B 类型的线，Leonardo 使用 Micro USB 类型的线	
2	S1,S2	小型按键开关	K1
1	Sounder	小型压电发声器	M3
1		面包板	T5
		跨接线或者实芯导线	T6

6.6.2 电路搭建

图 6-23 是音频发声器的电路原理图，图 6-24 是面包板的布板图。

图 6-23 音频发声器的电路原理图

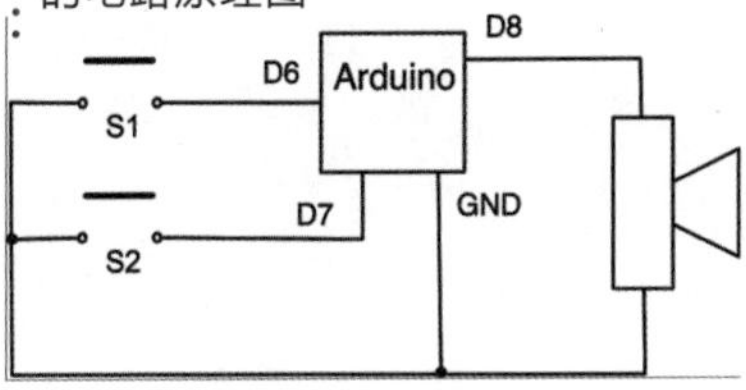

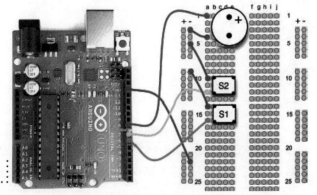

图 6-24 音频发声器的面包板布板图

　　确保按键开关放置的位置合适，保证导线从面包板侧面直接连接过来，而不是要从面包板上方或者下方连接到开关上。压电发声器也许有一端标有正极标识。将正极标识靠近面包板的顶端放置。

　　将各元器件按照图示连接好，将跨接线连接到 Arduino 开发板上。

6.6.3 软件

　　程序非常简单明了，你现在应该已经对程序的结构比较熟悉了。

```
// arduino_sounds

int sw1pin = 6;
int sw2pin = 7;
int soundPin = 8;

void setup()
{
  pinMode(sw1pin, INPUT_PULLUP);
  pinMode(sw2pin, INPUT_PULLUP);
  pinMode(soundPin, OUTPUT);
}

void loop()
{
  if (! digitalRead(sw1pin))
  {
    tone(soundPin, 220);
  }
  else if (! digitalRead(sw2pin))
  {
    tone(soundPin, 300);
  }
  else

  {
    noTone(soundPin);
  }
}
```

　　首先，我们为管脚定义变量。开关会连接到"sw1pin"和"sw2pin"两个变量上。它们两个将会作为数字输入，而"soundPin"变量会作为数字输出。

　　注意在"setup"函数中，我们在指令"pinMode"中使用 INPUT_PULLUP 参量。这个指令会将管脚设置为输入，同时还会启动一个位于 Arduino 开发板内部的"上拉 pull-up"电阻，这个上拉电阻会让输入管脚保持高电压，直到我们按下按钮，输入电压才会变为低电平。

正是由于输入管脚通常都处于高电平状态，在"loop"函数中，当我们想检查一下看按钮是否被按下时，我们必须要使用"！"符号（逻辑非）。换句话说，下面的代码功能是，在"sw1pin"为低电平时，发声器才能发出音调。

```
if (! digitalRead(sw1pin))
{
tone(soundPin, 220);
}
```

"tone"函数是一个很有用的 Arduino 自带函数，它可以在一个特定的管脚上发出音调。"tone"函数的第二个参数是音调的频率，以 Herz（赫兹）表示（每秒的周期数）。

如果没有按下按键，那么程序会执行"noTone"函数，会停止现在发出的任何响声。

6.7 如何使用 Arduino 开发板外围功能扩展板

Arduino 开发板的成功很大一部分要归功于用途广泛的、即插即用的外围功能扩展板，它们为一个基本的 Arduino 开发板增加了很多实用的功能。外围功能扩展板被设计成能够插入主 Arduino 开发板的排针插孔的大小。大多数外围功能扩展板会将电路连接传递到另一排针插孔上，能够在 Arduino 开发板底部建立起一系列连接。有一些外围功能扩展板，比如说，具有显示屏的外围功能扩展板，通常不会这么传递电路连接。同时你还需要注意如果你的 stack 外围功能扩展板是这样的话，你需要确保没有兼容性问题，比如其中两个外围功能扩展板使用的是同一管脚。一些外围功能扩展板通过提供跨接线来提高管脚连接的灵活性。

网站 http://shieldlist.org/ 上面有具体哪个外围功能扩展板使用哪些管脚的说明。

外围功能扩展板的种类众多，几乎包含了 Arduino 开发板能够完成的所有功能，比如继电器控制、LED 显示屏和音频文件播放器等。

大多数的外围功能扩展板是为 Arduino Uno 开发板设计的，但是通常都能兼容功能更强大的 Arduino Mega 开发板和新型的 Arduino Leonardo 开发板。

网站 http://shieldlist.org/ 上，详细地列出了这些外围功能扩展板使用管脚的技术细节。

表6-1中列出了本书作者最喜欢的一些外围功能扩展板。

表6-1 一些常见的 Arduino 外围功能扩展板s

外围功能扩展板	描述	URL
电动机	Ardumoto 外围功能扩展板。双 H 桥双向马达电动机，每通道最高能达到 2 A	www.sparkfun.com/products/9815
以太网	以太网和 SD 卡外围功能扩展板	http://arduino.cc/en/Main/ArduinoEthernetShield
继电器	能够控制 4 个继电器，继电器的触点是螺旋式接线柱	www.robotshop.com/seeedstudio-arduino-relay-shield.html
LCD	具有控制杆的 16×2 字母 LCD 外围功能扩展板	www.freetronics.com/products/lcd-keypad-shield

6.8 如何使用网页来控制一个继电器

通过使用以太网外围功能扩展板，将网线插到家用路由器上，你可以将你的 Arduino 开发板改造成一个小型的网络服务器。它本质上还是一个 Arduino 开发板，因此你仍然可以在它上面连接电子器件。这样通过使用"如何制作一个 Arduino 开发板控制的玩具"一节中制作的玩具和 Arduino 开发板上的网络接口，我们可以通过本地网络来控制这个玩具，假如我们敢放心关闭因特网 Internet 的防火墙的话，也可以实现这个功能。

图6-25（a）是连接着外围功能扩展板和 Arduino 开发板的玩具，图6-25（b）和图6-25（c）是我们将要控制玩具使用的浏览器界面，图6-25（b）是计算机浏览器界面，图6-25（c）是智能手机浏览器界面。

（a）

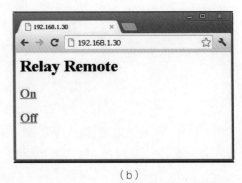

（b）

（c）

图 6-25 通过网络来控制改造后的电子玩具

6.8.1　你需要

想要使用网页来控制电动玩具，你首先需要完成"如何制作一个 Arduino 开发板控制的玩具"这一节。另外，你还需要以下材料：

数量	试验材料	附录编码
1	Arduino 以太网外围功能扩展板	M4
1	以太网插线电缆	T6
1	9 V 或者 12 V、500 mA 电源	M1

注意，如果以太网外围功能扩展板是最新的 R3 以太网外围功能扩展板，那么这个试验只能在 Arduino Leonardo 开发板上完成。如果你的以太网外围功能扩展板是旧版本的，你需要购买一个新版本的以太网外围功能扩展板或者使用 Arduino Uno 开发板。

6.8.2　电路搭建

在这个试验里，Arduino 开发板由一个外接电源供电，而不是使用计算机的 USB 连接供电。这样做的原因有两个：第一，以太网外围功能扩展板在 USB 供电的情况下不能够正常工作。第二，一旦给 Arduino 开发板写入程序就没有必要再连接计算机了，因此它由一个独立的电源适配器来供电。

图 6-26 是这个实验的接线图。

按照图 6-26 连接电路，加载程序"`web_relay`"到 Arduino IDE 开发环境。先不要将这个程序上传到 Arduino 开发板上。在这之前需要调整一些配置参数。

6.8.3　网络配置

在程序的顶端，你将会看到如下代码：

```
byte mac[] = { 0xDE, 0xAD, 0xBE, 0xEF, 0xFE, 0xED };
byte ip[] = { 192, 168, 1, 30 };
```

第一行代码中，所有连接到网络的设备"mac address"值都必须是唯一的。注意一些较新的以太网外围功能扩展板上会印有 Mac 地址。如果你使用的是这样的外围功能扩展板，将这个 Mac 地址写到第一行代码中去。第二行代码是 IP 地址。大多数连接到家用网的设备都会通过 DHCP 过程自动获取 IP 地址。如果你不需要知道外围功能扩展板的 IP 地址并且不在意 IP 地址的更改（比如说，当使用外围功能扩展板作为一个浏览器时就不必在意 IP 地址，而使用外围功能扩展板作为网

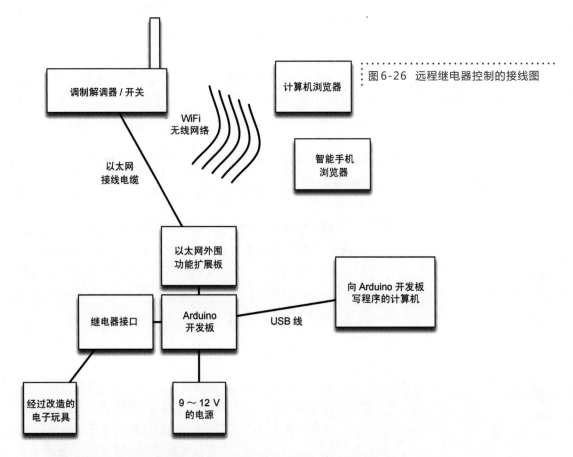

图 6-26 远程继电器控制的接线图

络服务器时就需要注意 IP 地址不能更改），自动获取 IP 是可行的。但是在这个试验里，Arduino 开发板和以太网外围功能扩展板要作为网络服务器使用，因此我们需要知道它的 IP 地址，这样才可以将其写入浏览器的地址栏。

你还可以手动更改 IP 地址。IP 地址不是随便的 4 组数字；这 4 组数字必须由内部 IP 地址认可，并且位于家用路由器的 IP 地址范围内。一般来说，IP 地址的前三组数字是 10.0.1.x 或者 192.168.1.x，在这里 x 是介于 0 ~ 255 之间的某个数字。一些 IP 地址已经被连接到网络的其他设备使用了。连接到家用路由器的管理页面，找到 DHCP 选项，来确定哪些 IP 可用。你应该看到与图 6-27 相似的设备和相应的 IP 地址列表。然后选择最后一位的数字来作为你的 IP 地址。在这个试验中，192.168.1.30 就是一个很好的选择，事实也证明它工作正常。

将 IP 地址写入代码中，上传到你的 Arduino 开发板上。

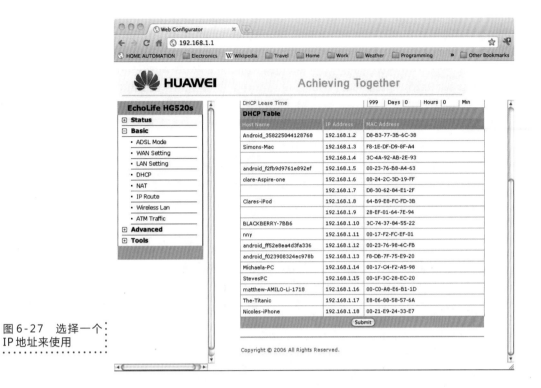

图 6-27　选择一个
IP 地址来使用

6.8.4　测试

在计算机，平板或者智能手机上打开一个浏览器，跳转到
该 IP 地址页面。如果你和本书使用的 IP 一样，那么你应该输入
http://192.168.1.30。你应该看到如图 6-25（b）和图 6-25（c）
所示的页面。

单击 "On" 按钮，继电器闭合，电动玩具开启。浏览器
里的页面会重新加载。单击 "Off" 按钮会将继电器开关断开，
电动玩具停止。

6.8.5　程序

这个试验的程序是本书中最复杂的程序之一。然而，这个
程序可以用来当作其他将 Arduino 开发板作为网络服务器使用
的设计的模板。

将程序分成几段，一段一段来进行分析。

```
// web_relay

#include <SPI.h>
#include <Ethernet.h>

// MAC address just has to be unique. This should
work
byte mac[] = { 0xDE, 0xAD, 0xBE, 0xEF, 0xFE, 0xED };
```

```
// The IP address will be dependent on your local
network:

byte ip[] = { 192, 168, 1, 30 };
EthernetServer server(80);
int relayPin = A0;
char line1[100];
```

在使用以太网外围功能扩展板的时候必须要声明两个函数库："SPI"和"Ethernet"函数库。函数库包含了许多有用的函数，比如说，外围功能扩展板的函数。函数库简化了写函数的繁杂过程，只需要在程序开始时声明一下就可以了。

"SPI"函数库是某种串联通信，Arduino使用这种串联通信来发送指令给以太网外围功能扩展板。"Ethernet"函数定义了一些使用以太网外围功能扩展板时用到的有用函数。

在定义Mac地址和IP地址的两个变量之后，下一个指令新建了一个"EthernetServer"对象，我们每次使用以太网时都会用到"EthernetServer"。之后我们定义了"relayPin"，新建了一个具有100个元素的行缓存器，在之后当你跳转到Arduino开发板服务的页面时，读浏览器传送来的标头会用到这个行缓存器。

```
void setup()
{
  pinMode(relayPin, OUTPUT);
  Ethernet.begin(mac, ip);
  server.begin();
}
```

"setup"函数初始化了以太网函数库，让函数库使用我们之前在配置文件里写好的Mac和IP地址。"setup"函数还将"relayPin"管脚设置为一个输出管脚。

```
void loop()
{
  EthernetClient client = server.available();
  if (client)
  {
    while (client.connected())
    {
      readHeader(client);
      if (! pageNameIs("/"))
      {
        client.stop();
        return;
      }
      digitalWrite(relayPin, valueOfParam('a'));

      client.println("HTTP/1.1 200 OK");
      client.println("Content-Type: text/html");
```

```
    client.println();

    // send the body
    client.println("<html><body>");
    client.println("<h1>Relay Remote</h1>");

    client.println("<h2><a href='?a=1'/>On</a></h2>");
    client.println("<h2><a href='?a=0'/>Off</a></h2>");
    client.println("</body></html>");

    client.stop();
    }
  }
}
```

Loop 函数是用来响应浏览器对网络服务器的请求的。如果一个请求在等待响应，那么会调用"server.available"返回一个"client"。如果该用户（client）存在（这是通过第一个"if"语句来检测），我们可以通过调用"client.connected"来检查用户（client）是否连接到了网络服务器。

我们之后会讨论"readHeader"函数。这个函数和"pageNameIs"函数用来判定浏览器确实在访问设置继电器的页面。这是由于浏览器通常都会给服务器页面发出两个请求，第一个请求是为网站寻找一个图标，第二个请求是访问页面的。这部分代码让我们可以忽略图标请求。

下一行代码使用"digitalWrite"来设置继电器管脚。这个函数的输出值总与请求参数"a"的值保持一样。可以是"1"或者"0"。

接下来的三行代码会产生一个返回标头。它会告诉浏览器要显示哪种类型的内容。在这个程序里，只有HTML。

一旦写好了标头，就只需要将剩余的HTML写回浏览器了。这必须包含常见的"<html>"和"<body>"标签，还会包含一个"<h1>"标头标签和两个"<h2>"标签，这两个"<h2>"标签是同一个网页的超链接，但是一个请求参数"a"设置为"0"，另一个设置为"1"。

最后，"client.stop"告诉浏览器消息完成了，浏览器会显示该页面。

```
void readHeader(EthernetClient client)
{
  // read first line of header
  char ch;
  int i = 0;
  while (ch != '\n')
  {
    if (client.available())
    {
```

```
        ch = client.read();
        line1[i] = ch;
        i ++;
      }
    }
  line1[i] = '\0';
  Serial.println(line1);
}
```

　　在这个程序里最后的三个函数是制作类似的 Arduino 网络服务器所要重复使用的通用函数。

　　第一个函数，"readHeader"函数，它的作用是将浏览器请求的标头存入行缓存器。在之后的两个函数里我们会用到。

```
boolean pageNameIs(char* name)
{
    // page name starts at char pos 4
    // ends with space
    int i = 4;
    char ch = line1[i];
    while (ch != ' ' && ch != '\n' && ch != '?')
    {
      if (name[i-4] != line1[i])
      {
        return false;
      }
      i++;
      ch = line1[i];
    }
    return true;
}
```

　　第二个函数，"pageNameIs"函数，它的作用是当网页名称部分标头与声明相符时，返回"true（真）"。这就是我们在 loop 函数中使用的忽略浏览器图标请求的功能。

```
int valueOfParam(char param)
{
  for (int i = 0; i < strlen(line1); i++)
  {
    if (line1[i] == param && line1[i+1] == '=')
    {
      return (line1[i+2] - '0');
    }
  }
  return 0;
}
```

　　第三个函数，"valueOfParam"函数，它的作用是读取请求参数的数值。如果你做一些网络编程，这里的请求参数会比你熟悉的请求参数要多一些限制。首先，请求参数必须是一个单字符。其次，它的值必须是一个介于 0 ~ 9 的单字符。这个函数会返回请求参数的数值，或者假如没有这个名字的参数时，返回"0"。

整个程序作为模板，稍微修改后可以用在类似的需求上。

6.9 如何在 Arduino 上使用字母数字 LCD 外围功能扩展板

LCD 外围功能扩展板是另外一种常见的 Arduino 外围功能扩展板（如图6-28所示）。

图6-28 LCD 外围功能扩展板

LCD 外围功能扩展板的种类有很多，其中大多数都是使用的基于 HD44780 LCD驱动芯片的LCD模块。这里使用的是 Freetrnoics LCD 和 Keypad 外围功能扩展板（www.freetronics.com）的模块。这个示例程序也适用于其他LCD的设计，但是你可能得修改一下管脚的分配情况（本书之后会介绍）。

这个设计让用户可以通过 Serial Monitor 工具来发送短消息（显示屏只能显示2行，每行16个字母），如图6-29所示。

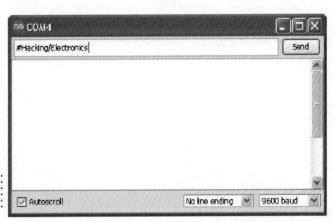

图6-29 通过 Serial Monitor 来发送消息

6.9.1　你需要

使用 LCD 显示屏，你需要以下材料：

数量	试验材料	附录编码
1	Arduino Uno/Leonardo 开发板	M2/M21
1	USB 线；Uno 使用 Type B 类型的线，Leonardo 使用 Micro USB 类型的线	
1	LCD 外围功能扩展板	M18

6.9.2　电路搭建

在这个设计中，电路的搭建很简单。只需要将 LCD 外围功能扩展板插到 Arduino 开发板上，将你的 Arduino 开发板通过 USB 接口连接到计算机上即可。

6.9.3　软件

程序也很简单。同样的，函数库帮我们省去了许多代码，大多数工作都是在函数库中运行的。

```
// LCD_messageboard

#include <LiquidCrystal.h>

// LiquidCrystal display with:
// rs on pin 8
// rw on pin 11
// enable on pin 9
// d4-7 on pins 4-7
LiquidCrystal lcd(8, 11, 9, 4, 5, 6, 7);

void setup()
{
  Serial.begin(9600);
  lcd.begin(2, 16);
  lcd.clear();
  lcd.setCursor(0,0);
  lcd.print("Hacking");
  lcd.setCursor(0,1);
  lcd.print("Electronics");
}

void loop()
{
  if (Serial.available())
  {
    char ch = Serial.read();
    if (ch == '#')
    {
```

```
          lcd.clear();
      }
      else if (ch == '/')
      {
          lcd.setCursor(0,1);
      }
      else
      {
          lcd.write(ch);
      }
    }
}
```

如果你使用的是不同的 LCD 外围功能扩展板，那么你应该检查一下技术规格书来看看它使用的是哪个管脚。你需要调整以下代码：

```
LiquidCrystal lcd(8, 11, 9, 4, 5, 6, 7);
```

这里的参数是外围功能扩展板用到的管脚，分别对应（rs、rw、w、d4、d5、d6、d7）。注意并不是所有外围功能扩展板都使用 rw 管脚。如果没有使用 rw 管脚，只需要填入一个没有用于其他功能的管脚即可。

"loop" 函数读取所有输入，如果输入为一个 "#" 符号，程序会清除显示屏。如果输入为一个 "/" 符号，会跳转到下一行显示；其余的情况它会显示发送过来的字母。

举例来说，要想让显示屏像图 6-28 一样显示 "hacking Electronics"，你需要输入以下字符到 Serial Monitor 工具内：

```
#Hacking/Electronics
```

注意 LCD 函数库为你提供了 "lcd.setCursor" 函数，这个函数可以设置在显示屏上下一个字符出现的位置。然后会通过 "lcd.wrtie" 函数将字符写入。

6.10 如何使用 Arduino 开发板驱动一个伺服电动机

伺服电动机是电动机、变速箱和齿轮器的组合，经常使用在远程控制机动车内来控制转向，或者用在远程控制飞机和直升机上来控制与地面的角度。

除了一些特殊用途的伺服电动机，一般来说伺服电动机不会一直保持旋转。伺服电动机通常只能旋转大概 180 度，但可以通过发送一个脉冲流来让电动机精确旋转到任意角度。

图 6-30 是一个伺服电动机的照片，并且说明了脉冲的长度是如何决定伺服电动机旋转角度的。

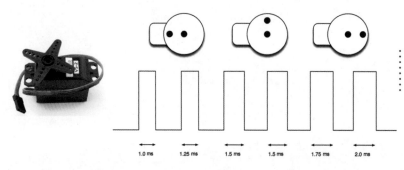

图6-30 使用脉冲来控制伺服电动机

一个伺服电动机有三个连接触点：一个地线GND，一个正极电源连接点（5~6 V电压），还有一个控制连接点。地线GND连接点通常连接一个棕色或者黑色的引线，正极电源连接点连接一个红色引线，控制连接点连接一个橙色或黄色的引线。

控制连接点上的电流非常小。伺服电动机每隔20 ms都会收到一个脉冲。如果脉冲高电平在一个周期内占1.5 ms，那么伺服电动机会转至中间位置。如果脉冲比1.5 ms短，伺服电动机会偏向一端，如果脉冲比1.5 ms长，伺服电动机会偏向另一端。

6.10.1 你需要

这个试验中你需要以下材料：

数量	试验材料	附录编码
1	Arduino Uno/Leonardo 开发板	M2/M21
1	USB线；Uno使用Type B类型的线，Leonardo使用Micro USB类型的线	
1	9g 伺服电动机	H10
1	10 kΩ 可变电阻	K1,R1
	跨接线或者实芯导线	T6

6.10.2 电路搭建

图6-31 连接伺服电动机的 Arduino 开发板

图6-31是使用跨接线连接到Arduino开发板上的伺服电动机。

在你使用Arduino开发板的5V电压为伺服电动机供电之前，首先需要检查Arduino开发板能否提供足够的电流。对于大多数小的伺服电动机都没有问题，比如我们使用的小型9g伺服电动机，如图6-31所示。

在图 6-31 中，你还可以看到用来调整伺服电动机旋转角度的小的蓝色电位器。这个电位器动触点连接到 A1 管脚，但是使用 A0 和 A2 两个管脚来分别连接 GND 和 5 V 电压到电位器的两个固定触点。

6.10.3　软件

Arduino 中含有一个函数库专门用来产生伺服电动机所需要的脉冲。下面的程序（程序名"servo"）使用这个函数库来控制伺服电动机的旋转角度，使它随着可变电阻的滑块位置的变化而变化。

```
// servo

#include <Servo.h>

int gndPin = A0;
int plusPin = A2;
int potPin = 1;
int servoControlPin = 2;
```

在定义了使用的管脚之后，伺服电动机函数库需要以下代码来设置伺服电动机。

```
Servo servo;
```

"Setup"函数设置了管脚状态并且把"servo"与"servoControlPin"联系起来。

```
void setup()
{
  pinMode(gndPin, OUTPUT);
  digitalWrite(gndPin, LOW);
  pinMode(plusPin, OUTPUT);
  digitalWrite(plusPin, HIGH);
  servo.attach(servoControlPin);
}
```

"loop"函数不断地读取管脚 A1 的值来判定可变电阻的位置（这个值介于 0~1 023 之间），之后会将这个值除以 6 来将它转换成一个介于 0~170 之间的角度值。这个值就是伺服电动机转动的角度数值。

```
void loop()
{
  int potPosition = analogRead(potPin); // 0 to 1023
  int angle = potPosition / 6;          // 0 to 170
servo.write(angle);
}
```

6.11 如何 CharliePlex LED

一个Arduino开发板上有那么多的I/O管脚（输入输出管脚），因此当我们想要使用尽量少的管脚来控制LED矩阵时，我们会使用一个有趣的技术，叫作"Charlieplexing"。这个名字源于这个技术的发明者Maxim公司的Charlie Allen。这个技术通过程序将Arduino和其他微控制器I/O管脚的输出变为输入使用。

图6-32是使用3个管脚控制LED的电路图。

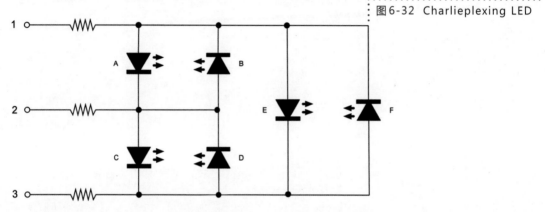

图6-32 Charlieplexing LED

表6-2是每个LED亮时管脚的状态。

表6-2 CharliePlex

LED	管脚1	管脚2	管脚3
A	高电平	低电平	输入
B	低电平	高电平	输入
C	输入	高电平	低电平
D	输入	低电平	高电平
E	高电平	输入	低电平
F	低电平	输入	高电平

微控制器管脚的数量与能够控制LED数量的关系可以用如下公式表示：

$$LEDs = n^2 - n$$

因此，假如我们使用4个管脚，我们就能够控制16-4个，即12个LED灯。使用10个管脚就能控制多达90个LED，但是这样的话布线会非常复杂。

但是，Charlieplexing会有很多问题。首先，刷新率需要足够快才能让人眼察觉不到。其次，在一个刷新周期内管脚按照顺序为所有LED灯提供能量，如果使用的管脚很多，那么这个顺序步骤就会很多。这会导致 LED 的亮度较暗，因为它们的占空比较低。你可以通过增大流过 LED 的电流来补偿，但是这样做会在很短的周期内有相对较大的尖峰电流。如果微控制器因为某种原因卡住了，那么 LED 灯可能会被烧坏。

6.11.1　你需要

使用 Charlieplex 方法连接 6 个 LED 灯，你需要以下材料：

数量	试验材料	附录编码
1	Arduino Uno/Leonardo 开发板	M2/M21
1	USB 线；Uno 使用 Type B 类型的线，Leonardo 使用 Micro USB 类型的线	
6	LED	S11
3	220 Ω 电阻	K2
	跨接线或者实芯导线	T6

6.11.2　电路搭建

如果要 Charlieplex 这些 LED 灯，你需要使用面包板（如图 6-33 所示）。

图 6-33　面包板上 6 个经过 CharliePlexed 的 LED 灯

图 6-34 是这个电路的面包板布板图。在搭建电路时，需要特别注意 LED 的极性连接正确。

电阻用于连接 Arduino 开发板的 D12，D11，D10 管脚和面包板。如果你用镊子在电阻的引线上打个 Z 字结，电阻的引线会在 Arduino 开发板插孔里更加稳固。

LED 灯相互之间间隔很小，因此使用 3 mm 的 LED 会更加方便。图6-34中用红色标出了LED的正极引线（阳极）。

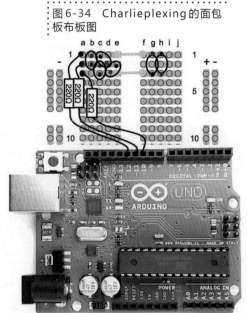

图6-34 Charlieplexing的面包板布板图

6.11.3 软件

加载这个设计的程序（"charlieplexing"）到Arduino开发板上。你会发现LED灯以从A到F的顺序点亮，如图6-32所示。

程序首先定义了作为控制管脚的3个管脚。

```
// charlieplexing

int pin1 = 12;
int pin2 = 11;
int pin3 = 10;
```

我们将要控制的LED都包含在一个矩阵"pinStates"里了。每个矩阵里的元素都是另一个具有3个元素的矩阵，这3个元素每个代表一个控制管脚。"1"代表控制管脚为高电平HIGH，"0"代表低电平LOW，"-1"代表一个输入INPUT。

```
int pinStates[][3] = {
  {1, 0, -1}, // A
  {0, 1, -1}, // B
  {-1, 1, 0}, // C
  {-1, 0, 1}, // D
  {1, -1, 0}, // E
  {0, -1, 1}  // F
};
```

由于我们会在过程中改变控制管脚的管脚模式，所以"setup"里不需要写任何代码。但是还是需要将"setup"函数保留在这里，尽管里面没有内容。

```
void setup()
{
}
```

在"loop"函数中，程序遍历每个LED灯，使用"setPins"函数，根据pinStates矩阵里的相应一行的数值来设置控制管脚的值。

```
void loop()
{
  for (int i = 0; i < 6; i++)
  {
    setPins(pinStates[i][0], pinStates[i][1],
    pinStates[i][2]);
    delay(1000);
  }
}
```

"setPins"函数其实没有做太多逻辑运算，它只是将设置每个控制管脚状态的指令转化成一行简单的代码。大多数逻辑运算都在"setPins"函数调用的"setPin"函数。

```
void setPins(int p1, int p2, int p3)
{
  setPin(pin1, p1);
  setPin(pin2, p2);
  setPin(pin3, p3);
}
```

"setPin"函数的作用是按照首句来设置管脚值。如果管脚的状态为"-1"，那么"setPin"函数会将管脚模式设置为输入 INPUT。假如是"1"或者"0"的话，管脚会被设置为输出 OUTPUT，并且使用"digitalWrite"函数将管脚设置为相应的值。

```
void setPin(int pin, int value)
{
  if (value == -1)
  {
    pinMode(pin, INPUT);
  }
  else
  {
    pinMode(pin, OUTPUT);
    digitalWrite(pin, value);
  }
}
```

6.12　如何自动输入密码

Arduino Leonardo 开发板可以当做一个 USB 键盘使用。但是非常遗憾，Arduino Uno 开发板没有这个功能，因此在这一节中，你需要一个 Arduino Leonardo 开发板。

图 6-35 是我们在这一节中将要制作的电子设计。

图 6-35　使用 Arduino Leonardo 开发板自动输入密码

当你按下按钮后，Arduino Leonardo 开发板模拟成一个键盘，在光标处打入程序里设置的密码。

6.12.1 你需要

搭建这个电路，你需要以下材料：

数量	试验材料	附录编码
1	Arduino Leonardo 开发板	M21
1	Leonardo 使用的 Micro USB 线	
1	Impressive 按钮开关	H15
	单芯导线	T7

6.12.2 电路搭建

在按钮开关上焊接两段导线，并在另一端涂上焊锡，这样导线就能直接插入 Arduino 开发板的插槽里。按钮开关引出的两段导线一个连接数字管脚 2，另一个连接地线 GND。

为 Arduino Leonardo 开发板加载程序"password"。注意当 Arduino Leonardo 开发板在写入程序时，你也许需要按下复位键直到 Arduino 软件上出现"uploading…"的消息。

6.12.3 软件

这个设计只需要将你的鼠标放在一个密码文本框中，然后将按钮按下就可以使用了。需要注意这个设计只是想展示一下 Arduino Leonardo 开发板的功能。任何人只需要在一个文字处理器中按下按钮就能轻易得到你的密码了。因此，从安全性的方面来说，这个设计就和你将你的密码写在便签上，然后贴到你计算机的显示器上一样。

程序非常简单。第一步就是定义一个包含你密码的变量。你也许需要先修改一下密码。接下来我们定义按钮使用的管脚。

```
// password
// Arduino Leonardo Only

char* password = "mysecretpassword";

const int buttonPin = 2;
```

只有 Arduino Leonardo 开发板有特殊键盘和鼠标功能的接口，而其他型号的 Arduino 开发板没有该功能。因此，在"setup"函数中，键盘功能由代码"Keyboard.begin()"开启。

```
void setup()
{
  pinMode(buttonPin, INPUT_PULLUP);
  Keyboard.begin();
}
```

　　在"loop"函数中,digitalread 函数检查按键是否被按下,然后 Arduino Leonardo 开发板使用"Keyboard.print"函数来发送密码。接着程序等待 2 s,来防止程序多次发送密码。

```
void loop()
{
  if (! digitalRead(buttonPin))
  {
    Keyboard.print(password);
    delay(2000);
  }
}
```

小结

　　在本章你学习了 Arduino 开发板的基本功能,并且为你以后的电子设计提供了一些创意。然而,这只不过是万能的 Arduino 开发板丰富功能极其微小的一部分。

　　如果你想更深入地了解 Arduino 开发板编程,你可以参考本书作者的另一本书:《Programming Arduino: Getting Started with Sketches》这本书适用于没有任何编程基础的读者。它会向你介绍编写 Arduino 程序的基本原则。《30 Arduino projects for the Evil Genui》是一本基于项目的书籍,从软件编程和硬件两个方面来介绍 Arduino 开发板,还包含有示例项目,里面的设计几乎所有都在面包板上完成。

　　Arduino 开发板的官方网址是:www.arduino.cc,上面有许多 Arduino 的使用说明,还有官方的 Arduino 指令和函数库的技术文档可供查阅。

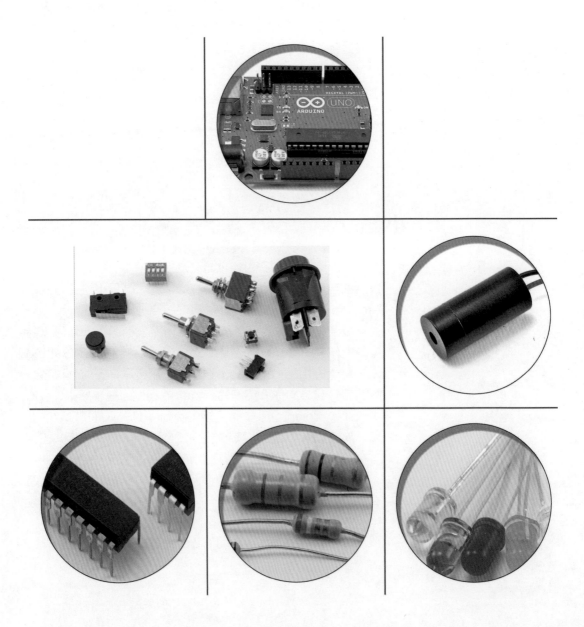

第 7 章

使用功能模块来进行电子制作

当制作一个电子设计时，使用功能模块可以大大减少我们的工作量。这些功能模块通常都是一个由一些元器件和连接点组成的小型PCB板。这些模块让我们很方便的使用表面贴装IC元器件，如果没有这些模块，焊接表面贴装IC元器件会很困难。许多模块都是为微控制器（如Arduino开发板）设计的。

在本章，你会接触到许多SparkFun和Adafruit提供的更有趣也更有用处的模块，这些模块的大部分都是开源的硬件。因此，你需要看一下它们的电路原理图，有必要的话甚至你可以制作自己的功能模块。

在使用一个功能模块时，阅读电路原理图和技术规格书会很有帮助。在你使用任何模块之前你需要注意以下几点：

- 电源范围是多少？
- 这个模块会消耗多大电流？
- 这个模块的输出电流是多大？

7.1 如何使用一个PIR运动传感器模块

PIR运动传感器用在防盗警钟和自动安全警报中，它们通过红外线来检测运动。RIP运动传感器价格低廉并且容易使用。

在这个设计中，你首先要使用一个PIR运动传感器模块来点亮一个LED灯，然后来看看如何将它连接到Arduino开发板上，给Serial Console发送一个警报消息。

7.1.1 你需要（PIR和LED）

数量	名称	试验材料	附录编码
1		PIR模块（5~9 V）	M5
1	D1	LED	K1
1	R1	470 Ω 电阻	K2
1		无焊面包板	T5
		实芯跨接线	T6
1		4节AA电池座	H1
1		4节AA电池	
1		电池夹	H2

7.1.2 面包板

图7-1是这个电子设计的电路原理图。

在电路原理图中，电源电压范围在5～7 V之间，因此使用4节AA电池就能为该电路供电。

这个模块非常容易使用。你只需要为该电路提供电能，当检测到运动时电路的输出电压会变高（达到供电电压），在1～2 s后又回落到低电压。

根据该模块的技术参数表，它的输出电流能够达到10 mA。虽然不是很理想，但也足够点亮一个LED灯。如果使用一个470 Ω的电阻，电路中的电流值为：

$$I = V/R = (6\ V - 2\ V)/470\ Ω = 4/470\ A = 8.5\ mA$$

图7-2是面包板的布板图，图7-3是制作完成的面包板实物图。

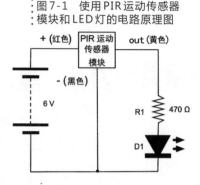

图7-1 使用PIR运动传感器模块和LED灯的电路原理图

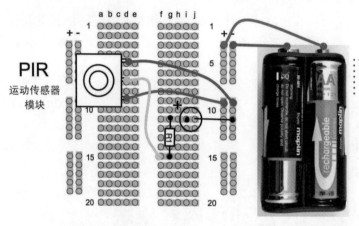

图7-2 使用PIR运动传感器模块和LED灯的面包板布板图

PIR模块有三个管脚，分别为+5 V，GND和OUT管脚。我们所使用的引线颜色有红色、黑色和黄色。将红色的引线连接到PIR模块标有+5 V的管脚上。

当PIR模块通电后，LED灯会在每次传感器检测到运动时发光。

在了解了PIR传感器之后，接下来我们会将它连接到Arduino开发板上。

图7-3 使用PIR运动传感器模块和LED灯的面包板实物图

7.1.3 你需要（PIR和Arduino）

想要将PIR传感器连接到Arduino开发板上，你只需要有一个PIR传感器和Arduino开发板即可。

数量	试验材料	附录编码
1	PIR 模块（5~9 V）	
1	Arduino Uno/Leonardo 开发板	M2/M21
1	USB 线；Uno 使用 Type B 类型的线，Leonardo 使用 Micro USB 类型的线	

7.1.4　电路搭建

图 7-4 是这个电路的原理图，图 7-5 是 Arduino 开发板连接 PIR 模块的实物图。为了让导线能够在 Arduino 开发板的插槽中固定住，可以在导线裸露的金属丝上涂上一层焊锡。

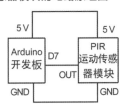

图 7-4　Arduino 开发板和 PIR 运动传感器模块的电路原理图

图 7-5　Arduino 开发板和 PIR 运动传感器模块的实物图

在你加载 Arduino 程序之前，先临时将 PIR 模块的 OUT 输出管脚从 Arduino 开发板上移走。这样做的原因是你也不知道在加载 PIR 模块的程序之前，Arduino 开发板里运行的是哪个程序。也许之前的程序也用到了管脚 7 作为输出，如果真的是这样的话，会很容易损坏 PIR 传感器的输出电路。

7.1.5　软件

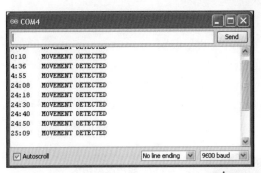

图 7-6　Serial Monitor 上显示入侵警告

加载程序"pir_warning"到 Arduino IDE 开发环境，然后上传到 Arduino 开发板上。接着将黄色"OUT"引线重新插入 Arduino 开发板的管脚 7 中。

当你打开 Serial Monitor（见图 7-6），你会发现每次检测到运动 Serial Monitor 上都会显示一个事件。在你离开计算机时可以将这个装置放置在计算机前——用于检测窥探者。

这个设计的程序很简单。

```
// pir_warning

int pirPin = 7;
```

```
void setup()
{
  pinMode(pirPin, INPUT);
  Serial.begin(9600);
}

void loop()
{
  if (digitalRead(pirPin))
  {
    int totalSeconds = millis() / 1000;
    int seconds = totalSeconds % 60;
    int mins = totalSeconds / 60;
    Serial.print(mins);
    Serial.print(":");
    if (seconds < 10) Serial.print("0");
    Serial.print(seconds);
    Serial.println("\tMOVEMENT DETECTED");
    delay(10000);
  }
}
```

这个程序与其他程序唯一不同的一点在于，这个程序用"几分几秒"的格式来显示每个事件之间经历的时间。

在代码里用到了 Arduino 的"millis"函数，这个函数会返回自从 Arduino 开发板上次重启后的毫秒数。这个数字被转化成"几分几秒"的格式，然后显示成提示消息。显示内容的最后一部分使用了"println"指令，这个指令在文本的最后加了一行，让下一个文本可以从新的一行开始。

7.2　如何使用超声波测距仪模块

超声波测距仪使用超声波（比人耳听力范围更高频率的声波）来测量与一个声音反射物体之间的距离。超声波测距仪的工作原理是测量一个声音脉冲到达物体和反射回来的时间。图 7-7 是两种声波定位仪，即声纳。左图是一个廉价声波定位仪模块（低于 5 美元），它具有独立的超声波换能器，用来发送声波脉冲并接收反射波。右图的功能模块由 MaxBotix 公司生产，会比较昂贵（大概 25 美元左右）但是更加专业。

图 7-7　超声波测距仪

我们将会按顺序介绍这两个模块如何在 Arduino 开发板上工作。

超声波测距仪与轮船和潜水艇上的声纳的工作原理相同。声波发射器发送一个声波，声波接触到障碍物并反射回来。我们知道声波传输的速度，那么就能够根据声波发射回到接收器的时间来计算出相隔的距离（见图 7-8）。

图 7-8   超声波测距

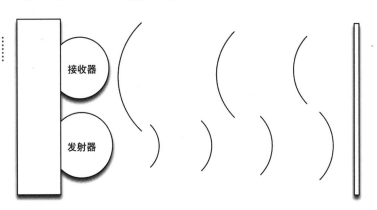

接收器

发射器

使用的声波频率较高——因此被称作"超声波"。许多超声波测距仪工作在大概 40 kHz 的频率，而人耳可听见的声音最高频率只能达到 20 kHz。

7.2.1 你需要

使用上述两个声波定位仪，你需要以下材料：

数量	试验材料	附录编码
1	Arduino Uno/Leonardo 开发板	M2/M21
1	USB 线；Uno 使用 Type B 类型的线，Leonardo 使用 Micro USB 类型的线	
1	MaxBotix LV-EZ1 测距仪	M6
1	HC-SR04 测距仪	M7
1	无焊面包板	T5
	实芯跨接线	T6

7.2.2 HC-SR04 测距仪

如果要使用 HC-SR04 测距仪模块，会需要 Arduino 开发板完成许多工作，这也是为什么 HC-SR04 型号的声波测距仪模块会比 MaxBoticx 型号的便宜许多。但是 HC-SR04 型号的声波测距仪模块也有一些优点，它们正好能够插入 Arduino 开发板侧面的连接处，但是你需要为这个模块分出两个输出管脚来为它提供电流（见图 7-9）。

加载程序"range_finder_budget"到 Arduino 开发板上，然后插入 HC-SR04 声波测距仪模块，如图7-9所示。

打开 Serial Monitor 工具，你会看到一串以英寸为单位的距离值（见图7-10）。让声波测距仪对准不同的方向——比如说，几英尺以外的墙壁——使用卷尺测量一下，确认 Serial Monitor 上的读数大致准确。

在 Arduino 代码中，声波测量距离的功能都包含在"takeSounding_on"函数中。它会发送单个10-ms的脉冲到超声波模块的"trigger"管脚，之后会使用 Arduino 内置函数"pulseIn"来测量反射管脚达到高电平之前的时间。

图7-9　Arduino 开发板上的 HC-SR04 测距仪

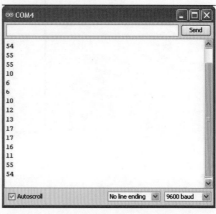

图7-10　Serial Monitor 上的读数

```
// range_finder_budget

int trigPin = 9;
int echoPin = 10;
int gndPin = 11;
int plusPin = 8;

int lastDistance = 0;

void setup()
{
  Serial.begin(9600);
  pinMode(trigPin, OUTPUT);
  pinMode(echoPin, INPUT);
  pinMode(gndPin, OUTPUT);
  digitalWrite(gndPin, LOW);
  pinMode(plusPin, OUTPUT);
  digitalWrite(plusPin, HIGH);
}

void loop()
{
  Serial.println(takeSounding_in());
  delay(500);
}

int takeSounding_cm()
{
  digitalWrite(trigPin, LOW);
  delayMicroseconds(2);
  digitalWrite(trigPin, HIGH);
  delayMicroseconds(10);
  digitalWrite(trigPin, LOW);
```

```
delayMicroseconds(2);
int duration = pulseIn(echoPin, HIGH);
int distance = duration / 29 / 2;
if (distance > 500)
{
  return lastDistance;
}
else
{
  lastDistance = distance;
  return distance;
}
}

int takeSounding_in()
{
  return takeSounding_cm() * 2 / 5;
}
```

　　然后，我们要将这个时间转化成厘米表示的距离。如果没有收到反射信号，说明在附近范围内没有物体，或者该物体将声波反射走了而不是直接反射到接收器。在这种情况下，脉冲的时间将会非常长，因此记录下来的距离也会非常大。

　　我们可以忽略任何大于 5 m 的测量值来将这些无效距离过滤掉，只返回最新的有效距离。

　　在 20 ℃下，声波在空气中传输的速度大致为 343 m/s，即 34 300 cm/s。

　　也可以写作 34 300/1 000 000 cm/ms，即 0.0343 cm/ms。

　　还可以记为 1/0.034 3 ms/cm，即 29.15 ms/cm。

　　这就是说，如果返回 291.5 ms 就代表 10 cm 的距离。

　　函数"takeSounding_cm"将 29.15 四舍五入到 29，然后再除以 2。这是由于从发送到接受到发射波经历了两个传感器与物体间的距离。

　　在实际应用中，许多因素都会影响声波的速度，因此这个设计只能给出一个大概的结果。空气的温度与湿度都会影响测量结果。

7.2.3　MaxBotix LV-EZ1 型声波测距仪

　　HC-SR04 型声波测距仪只有一种接口，并且我们必须控制它来发送声波脉冲，然后记录下声波返回的时间。

　　对比而言，MaxBotix 型声波测距仪模块都在内部自己完成了上述操作，并且提供了至少三种方式来进行距离的测量。

- 串行数据读数
- 模拟（Vcc/512）/英寸

- 脉冲宽度（147μs/英寸）

我们将会使用模拟测量方法来进行测量。公式"Vcc/512
每英寸"是指每增加1英寸的距离，模拟信号输出的电压将会
增加供电电压除以512的值。因此如果一个物体在10英寸处，
那么模拟输出电压将会是：

$10 \times 5\ V/512 = 0.098\ V$

MaxBotix 声波测距仪模块有很多的管脚，
它们都能直接插入 Arduino 开发板上，我们这
个设计只使用到其中几个管脚，因此为了不占用
Arduino 开发板的其他管脚，你需要使用面包板
来将 MaxBotix 声波测距仪模块连接到 Arduino
开发板上。

图7-11是通过面包板连接 Arduino 开发板和
MaxBotix 模块的实际接线图。图7-12是面包板
的布线图。

图7-11　MaxBotix声波测距仪模块
和Arduino开发板

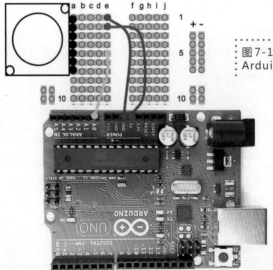

图7-12　MaxBotix声波测距仪模块和
Arduino开发板的面包板布板图

加载程序"range_finder_maxsonar"，然后按照图7-11
来将 MaxBotix 模块和 Arduino 开发板连接起来。

这个设计的程序比 HC-SR04 测距仪模块的程序要简单
许多，测量的距离（英寸）就是模拟读数（范围为0~1 023）
的一半。

```
// range_finder_maxsonar

int readingPin = 0;

int lastDistance = 0;

void setup()
```

```
{
  Serial.begin(9600);
}

void loop()
{
  Serial.println(takeSounding_in());
  delay(500);
}

int takeSounding_in()
{
  int rawReading = analogRead(readingPin);
  return rawReading / 2;
}

int takeSounding_cm()
{
  return takeSounding_cm() * 5 / 2;
}
```

打开 Serial Monitor 工具，将会产生和 HC-SR04 测距仪模块类似的距离数列。

注意这两个程序都有米制单位和英制单位两种测量选择，用户可以根据自己的喜好来进行选择。

7.3　如何使用一个无线遥控模块

通常没有必要自己制作射频电路，因为有很多如图 7-13 所示的物美价廉的射频电路模块可供使用。

图 7-13　面包板上的 RF 射频模块

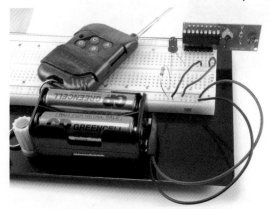

图 7-13 中所示的无线遥控模块可以在 eBay 网上很容易找到，并且还包含一个方便的钥匙扣大小的四键遥控器。这些按钮可以控制数字管脚在相应接收器模块上的高低电平。

值得注意的是，这类的模块同时也适用于继电器，这样你可以轻松制作你自己的远程控制电子设计了。

本书首先在面包板上使用这个无线遥控模块来控制 LED 灯的开关，然后在下面的一节，你可以试着将这个模块连接到 Arduino 开发板上。

7.3.1　你需要

将无线遥控模块在面包板上搭建好，你需要以下材料：

数量	名称	试验材料	附录编码
1		无焊面包板	T5
		实芯跨接线	T6
1		无线遥控套件	M8
1	D1	LED	K1
1	R1	470 Ω 电阻	K2
1		4 节 AA 电池的串池盒	H1
1		电池夹	H2
4		AA 电池	

7.3.2　面包板

　　图 7-14 是用于测试无线遥控模块的面包板的布线图。如果你想的话，可以再添加 3 个 LED 灯，这样每个频道就有 1 个测试灯了。

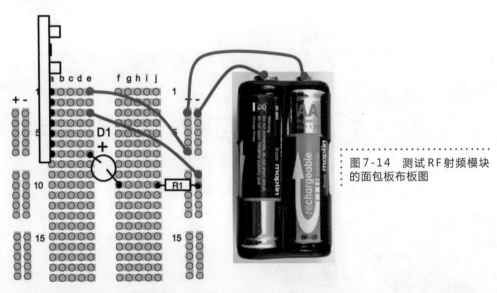

图 7-14　测试 RF 射频模块的面包板布板图

　　无线遥控模块的技术参数表上规定的管脚如表 7-1 所示。

表 7-1　射频接收器的引脚分配

管脚号	管脚名称	用途
1	Vcc	正极电压（4.5~7 V 之间）
2	VT	开关压降——不需要连接
3	GND	地线
4	D3	数字输出 3
5	D2	数字输出 2
6	D1	数字输出 1
7	D0	数字输出 0

将该模块放置在面包板上，管脚1位于面包板的顶端，按照图7-14将电路连接起来。

完成电路搭建后，按下按钮A应该可以触发LED灯的开与关。如果你想的话，你可以再添加3个LED灯，让每个频道都有1个LED灯，或者将现有的1个LED灯移到另外的输出管脚来检查这些管脚是否正常工作。

7.4　如何在Arduino开发板上使用一个无线遥控模块

如果你不介意不使用无线遥控模块中4个输出管脚中的一个管脚的话，你可以直接将无线遥控模块插入Arduino开发板的插槽内，插孔分别为A0～A5（如图7-15所示）。

图7-15　在Arduino开发板上使用一个RF射频遥控模块

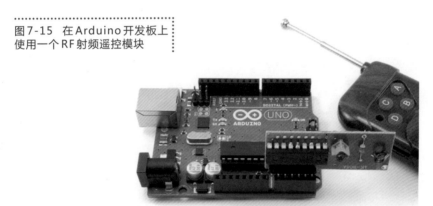

7.4.1　你需要

在Arduino开发板上使用无线遥控模块，你需要以下材料：

数量	试验材料	附录编码
1	Arduino Uno/Leonardo 开发板	M2/M21
1	USB线；Uno使用Type B类型的线，Leonardo使用Micro USB类型的线	
1	无线遥控套件	M8

在将无线遥控模块插入Arduino开发板之前，加载程序"rf_remote"。

7.4.2　软件

在程序加载完成并且无线遥控模块插入后，打开Serial Monitor工具你将会看到如图7-16所示的界面。

"rf_remote"程序将无线遥控模块的输出管脚的状态用0和1表示在Serial Monitor界面上。因此，按钮A没有作用（这个按钮没有插入Arduino开发板插槽，在外部悬空），按下其余按钮应该会触发相应的列在0和1之间变化。

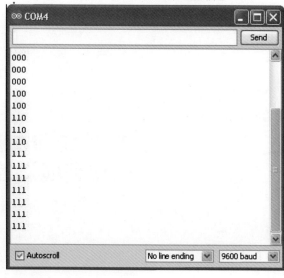

图7-16 计算机上接收到的远程遥控信息

```
// rf_remote

int gndPin = A3;
int plusPin = A5;
int bPin = A2;
int cPin = A1;
int dPin = A0;

void setup()
{
  pinMode(gndPin, OUTPUT);
  digitalWrite(gndPin, LOW);
  pinMode(plusPin, OUTPUT);
  digitalWrite(plusPin, HIGH);
  pinMode(bPin, INPUT);
  pinMode(cPin, INPUT);
  pinMode(dPin, INPUT);
  Serial.begin(9600);
}

void loop()
{
  Serial.print(digitalRead(bPin));
  Serial.print(digitalRead(cPin));
  Serial.println(digitalRead(dPin));
  delay(500);
}
```

RF射频接收器消耗的电流非常小，因此可以使用数字管脚输出来为其供电。事实上，这样做还能带来另一个好处，在不需要使用RF射频时，我们还可以使用"plusPin"函数来将其关闭，节省电源。

7.5 如何使用一个功率场效应晶体管来控制电动机速度

这一节的内容与本章的主题不太相符，因为场效应晶体管并不是电路的功能模块。然而，这一节主要是为了下一节"如何使用H桥模块来控制直流电动机"来打好基础的，因此，我们先来介绍场效应管，即MOSFET。

我们第一次使用功率场效应管管是在第3章。它们是一种特殊的晶体管，特别适合于在高电流负载的情况下作为开关使用。它们作为电路开关工作得非常好。功率场效应管具有非常低的"导通电阻"和非常高的"关断电阻"。

回到第6章，我们使用了一种叫作PWM（脉冲宽度调制）技术，通过变化的脉冲宽度来控制LED灯的亮度。在直流电动机上，你可以使用同样的方法来达到控制电动机速度的目的。然而，与LED灯不同，电动机需要使用比Arduino开发板输出管脚直接提供的更大的电流来运转，因此，你需要使用一个Arduino开发板控制的场效应管。

7.5.1　你需要

搭建这个电路，你需要以下材料：

数量	名称	试验材料	附录编码
1		无焊面包板	T5
		实芯跨接线	T6
1		4节AA电池盒	H1
1		4节AA电池	
1		电池夹	H2
1	R1	10 kΩ 电位器	K1
1	R2	1 kΩ 电阻	K2
1	T1	FQP30N06 MOSFET场效应管	S6
1		6 V直流电动机或者齿轮电动机	H6
1		Arduino Uno/Leonardo开发板	M2/M21
1		USB线；Uno使用Type B类型的线，Leonardo使用Micro USB类型的线	

直流电动机可以是任何你能找到的6 V左右的小电动机。图7-17是这个设计的电路原理图。

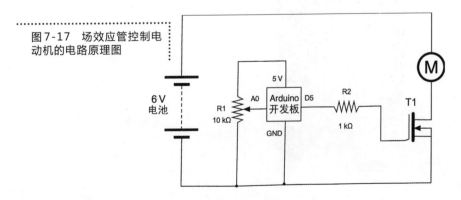

图7-17　场效应管控制电动机的电路原理图

　　注意，我们这里实际上有两个电源。我们使用 Arduino 开发板，你计算机的 USB 接口会提供给它电能，还有单独的电池为场效应管提供电能。这种电路的设计很正常，这是由于 Arduino 的 5 V 输出管脚不足够为大电流负载比如电动机来提供电能。确实，在小功耗电路里，电动机会带来类似的问题，因此最好不要使用 Arduino 开发板来为电动机供电。

　　如果 Arduino 开发板与电动机使用相同的电源问题会少一点。比如，一个 9 V 的电池通过电源接口向 Arduino 开发板提供电源，同时，它还向电动机的正极提供电源。

　　我在 Arduino 开发板的输出管脚和场效应管之间加了一个电阻 R2。直接将输出管脚 D5 和场效应管的门极相连电路也能够工作，不过，场效应管的门极就像一个电容一样，当场效应管以较高的频率开关时，会导致输出管脚流出的电流过大。这里使用的 Arduino 开发板产生的相对较慢的 PWM 波正常情况下不会引起该问题，但是最佳做法是在输出管脚 D5 与场效应管门极之间串联一个电阻。

　　图 7-18 和图 7-19 分别是实际电路连接图和面包板布线图。

图 7-18　场效应管控制电动机的实物图

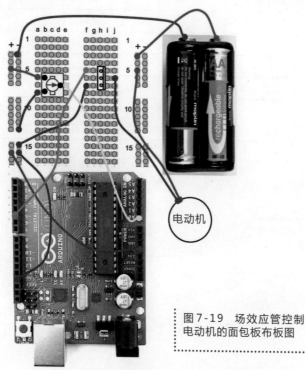

图 7-19　场效应管控制电动机的面包板布板图

7.5.2　软件

　　加载程序"mosfet_motor_speed"到 Arduino 开发板上，然后连接电池。你会发现通过旋转可变电阻你能够很好地控制电动机的转速，比在第3章中只控制场效应管的门极电压要灵敏许多。

　　这个电子设计的程序与第6章我们使用 Arduino 开发板控制 LED 灯亮度的程序很相似。

```
// mosfet_motor_speed
int voltsInPin = 0;
int motorPin = 5;

void setup()
{
  pinMode(motorPin, OUTPUT);
}

void loop()
{
  int rawReading = analogRead(voltsInPin);
  int power = rawReading / 4;
  analogWrite(motorPin, power);
}
```

　　在"loop"函数中，介于0~1 023之间的原始读数除以4，我们会得到在0~255之间的数值，可以使用"analogWrite"函数进行运算。

7.6　如何使用 H 桥模块来控制直流电动机

　　在本章之前的7.5节"如何使用一个功率场效应晶体管来控制电动机速度"中，我们学习了如何使用一个场效应管来控制电动机的速度。如果电动机一直向一个方向转动，这样做没有问题。但是如果你想让电动机反转，这时就需要使用 H 桥电路了。

　　为了改变电动机旋转的方向，你必须改变电流的方向。这需要4个开关或者4个三极管。图7-20是该电路的原理图，使用不同开关的断开与闭合来控制电动机转动的方向。从这张图可以看出为什么这个电路叫做"H 桥"电路了。

　　图7-20中，开关 S1 和 S4 闭合，开关 S2 和 S3 断开。这样的组合会让电流从正极

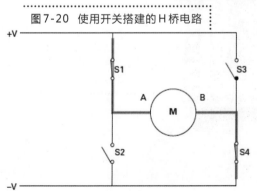

图7-20　使用开关搭建的 H 桥电路

"A"点流向负极"B"点。如果我们改变开关，让S2和S3闭合，S1和S4断开，那么电流就会从负极"B"点流向正极"A"点，电动机会反向旋转。

你也许已经发现了这个电路中潜在的缺陷。假如开关S1和S2都闭合了，那么电源正极与负极就直接连接在一起了，这会使电路短路。假如S3与S4同时闭合也会出现一样的问题。

你可以使用三极管来搭建H桥电路，图7-21是一个典型的H桥电路原理图。

图7-21　一个H桥电路的原理图

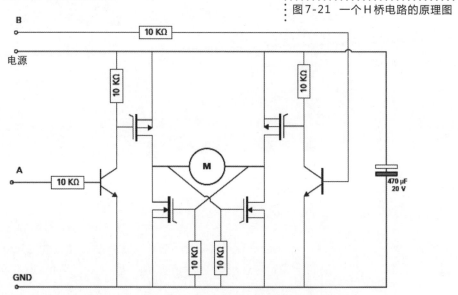

在这个原理图中，需要6个三极管和一些其他的元器件。如果想要控制2个电动机，需要12个三极管，但是这会让电路变得过于复杂。

幸运的是，有许多H桥集成电路可用，在一个芯片上有2个H桥电路，这会让控制电动机变得非常容易。图7-22里由SparkFun生产芯片就是该类芯片的其中一种。还会找到许多其他厂家的H桥集成电路芯片。

图7-22　SparkFun公司的H桥电路模块

图7-22是H桥电路模块的正反两面。这个模块没有连接点，我们在模块上焊接了排针，这样就可以很方便的用在面包

板上。

　　表7-2介绍这个模块的各个管脚的功能。这个电路模块有两个电动机单元，分别是A与B，它们能够以每电动机单元1.2 A的电流，两倍以上的尖峰电流来驱动电动机转动。

管脚名称	用途	用途	管脚名称
PWMA	电动机单元A的PWM输入	电动机供电电压（电压在VCC~15 V之间）	VM
AIN2	电动机单元A的控制输入管脚2；高电平为逆时针旋转	逻辑电压（2.7~5.5 V之间），只需要2 mA电流	VCC
AIN1	电动机单元A的控制输入管脚1；高电平为顺时针旋转		GND
STBY	连接GND管脚让设备处于"待机模式"	电动机A连接点1	A01
BIN1	电动机单元B的控制输入管脚1；高电平为顺时针旋转	电动机A连接点2	A02
BIN2	电动机单元B的控制输入管脚2；高电平为逆时针旋转	电动机B连接点2	B02
PWMB	电动机单元B的PWM输入	电动机B连接点1	B01
GND			GND

　　我们这个电子设计中只会使用到它的2个H桥单元中的1个（见图7-23）。

图7-23　使用SparkFun公司的TB6612FNG H桥电路模块进行实验

7.6.1　你需要

搭建这个电路你需要以下材料：

数量	名称	试验材料	附录编码
1		无焊面包板	T5
		实芯跨接线	T6
1		4 节 AA 电池盒	H1
1		4 节 AA 电池	
1		电池夹	H2
1		LED 灯	K1
1		SparkFun TB6612FNG 印制电路板	M9
1		6 V 直流电动机或者齿轮电动机	H6
1		排针	K1,H4

直流电动机可以使用任意 6 V 左右的小电动机。

7.6.2 面包板

在将这个模块安放到面包板上之前，你需要先按照图 7-22 所示将排针引脚焊接到 H 桥电路模块上。我们不会用的模块底部的两个 GND 连接点，因此你可以只焊接左右各 7 个管脚就行了。

图 7-24 是这个电子设计的电路原理图。图 7-25 是这个电路的面包板布线图。

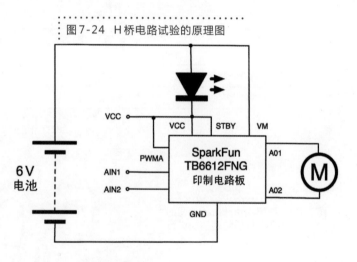

图 7-24　H 桥电路试验的原理图

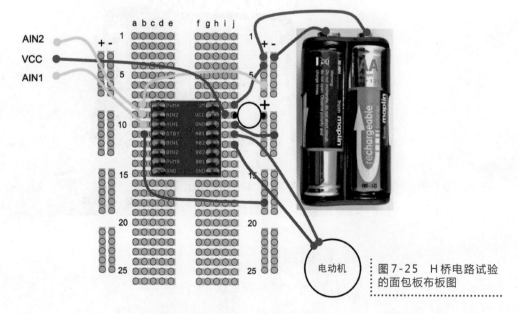

图 7-25　H 桥电路试验的面包板布板图

电压为 6 V 的电池为该模块供电，这个电压值稍微有些高于 VCC 所允许的电压了。你也许觉得仅仅比最大电压 5.5 V 高出 0.5 V 不算什么，但是为了保险起见，我们可以使用一个 LED 灯来使电压降低 2 V，这样的话 VCC 的电压大概在 4 V 左右，处于正常范围之内。

这是个实用技巧，但只有当 LED 上流过的电流值小于它的最大正向偏置电流才能使用。事实上，在这个设计中，VCC 所需要的电流并不足以使 LED 灯发光。

PWMA 管脚连接 VCC 管脚，这会让 PWM 控制信号一直为高电平——换句话说，电动机以最大功率旋转。

然后，按照图 7-25 所示，在面包板上连接好电路。

7.6.3　使用控制管脚

面包板上有 3 根引线没有连接任何东西。想要控制电动机旋转方向，先使用红色 VCC 引线来接触 AIN1 管脚，然后再接触 AIN2 管脚。注意观察电动机起初会向一个方向转动，然后向反方向转动。

你也许会疑惑为什么会有两个控制管脚，并且每个电动机单元都有一个 PWM 管脚。从理论上来说，你只需要一个控制方向的管脚和一个 PWM 管脚，并且如果 PWM 管脚电压为 0 V，电动机就将不会再旋转了。

我们使用 3 根管脚（PWM、IN1 和 IN2）控制每个电动机，而不是用两根管脚的原因是，假如 IN1 和 IN2 两个管脚都是高电平（连接到 VCC 上），那么 H 桥电路会工作在"制动模式"，会通过电气制动来让电动机减速。这个功能并不经常使用，但是如果你想要快速让电动机停止转动的话，这个功能将会非常有用。

7.7　如何使用 H 桥电路控制一个步进电动机

普通直流电动机用起来非常方便。它们只有两个连接点，如果加在电动机两端的电压是正向的，电动机正转，如果是反向的，电动机反转。但是直流电动机的缺点是当你想要知道它转了几圈时，你必须使用传感器才行。

步进电动机是一种完全不同的电动机。它们通常都有 4 个触点。图 7-26 是步进电动机的工作原理图。更确切地说，这个电动机是双极性步进电动机，我们之后会使用这种电动机进行设计。

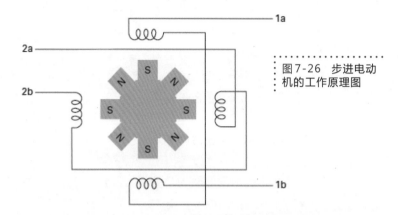

图 7-26　步进电动机的工作原理图

这个电动机包含了一个锯齿状的转子，转子上的每个锯齿都是磁铁，N 极与 S 极交互相临。步进电动机具有 4 个线圈，当按照一定顺利激励时，可以驱动转子转动一步。4 个线圈每 2 个一对，当一个线圈提供推力时，另一个线圈就在相反处提供拉力，促使转子转动。

大多数步进电动机都比图 7-26 中 8 步的步进电动机有更多的步，会是 200 步或者更多。这会使步进电动机非常灵活，因为通过快速发送阶跃脉冲，它们可以像其他电动机一样自由转动，也可以精确地控制它们向前转动一步。正是由于这种特性，步进电动机经常用于喷墨打印机和 3D 打印机中。

由于步进电动机只在输入为一系列正确的脉冲时才会旋转，并且线圈内的电流方向需要能够改变，因此我们可以使用 Arduino 开发板来产生控制信号，同时使用 H 桥功能模块来为线圈供电（见图 7-27）。

图 7-27　使用一个 Arduino 开发板和 H 桥电路来控制步进电动机

图 7-28 是这个电路的原理图。

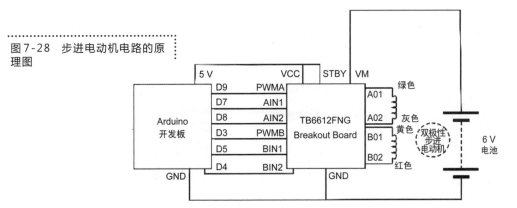

图 7-28　步进电动机电路的原理图

　　分清楚步进电动机上的每一条导线需要反复尝试，别怕犯错。使用万用表来测量一对导线之间的电阻，这样你就能知道那两根导线连接在同一个线圈上了。

　　另一种找出连接同一线圈的两根导线的方法是将两条导线握在一起，看看是否能够让电动机转轴更难旋转。这方法听起来挺奇怪的，但是很实用。

　　如果你打开开关，电动机并不旋转，你需要交换一下线圈的引线。图 7-28 中标出的引线颜色要和 Adafruit 电动机上连接的引线颜色相对应。

7.7.1　你需要

　　搭建这个电路，需要以下材料：

数量	试验材料	附录编码
1	无焊面包板	T5
	实芯跨接线	T6
1	6 节 AA 电池盒	H8
1	6 节 AA 电池	
1	TB6612FNG 印制电路板	M9
1	双极性步进电动机	H13
1	Arduino Uno/Leonardo 开发板	M2/M21
1	USB 线；Uno 使用 Type B 类型的线，Leonardo 使用 Micro USB 类型的线	

7.7.2　电路搭建

　　图 7-29 是面包板的布线图。

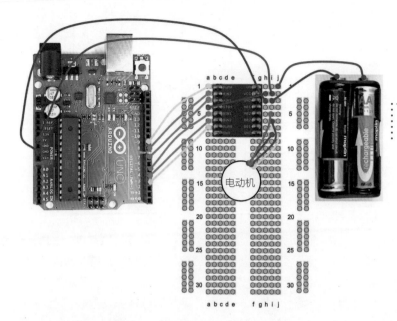

图 7-29　步进电动机电路
的布板图

7.7.3 软件

示例程序"stepper"首先让步进电动机向一个方向旋转
200 步，然后暂停 1 s，让步进电动机向相反的方向旋转 200
步。对于一个 200 步的步进电动机来说，就相当于旋转了一圈
360°。

首先，在"setup"函数中定义了管脚变量，并将它们设
置为输出管脚。

```
// stepper

int PWMApin = 9;
int AIN1pin = 7;

int AIN2pin = 8;
int PWMBpin = 3;
int BIN1pin = 5;
int BIN2pin = 4;

void setup()
{
  pinMode(PWMApin, OUTPUT);
  pinMode(AIN1pin, OUTPUT);
  pinMode(AIN2pin, OUTPUT);
  pinMode(PWMBpin, OUTPUT);
  pinMode(BIN1pin, OUTPUT);
  pinMode(BIN2pin, OUTPUT);
}
```

然后，"loop"函数让步进电动机向着一个方向旋转 200
步（正转），暂停 1 s，接着向相反方向旋转相同的步数，但是
每一步之间的间隔比起正转时缩短了一半，接下来再暂停 1 s。

程序依次循环往复。

```
void loop()
{
  forward(10, 200);
  delay(1000);
  back(5, 200);
  delay(1000);
}
```

　　"forward"和"back"函数都需要两个参数。第一个参数是每一步之间的时间间隔，以毫秒为单位。第二个参数是旋转的步数。

　　"forward"和"back"函数使用"setStep"函数来正确控制两个线圈的极性，使用4种格式：1010,0110,0101,1001。

```
void forward(int d, int steps)
{
  for (int i = 0; i < steps / 4; i++)
  {
    setStep(1, 0, 1, 0);
    delay(d);
    setStep(0, 1, 1, 0);
    delay(d);
    setStep(0, 1, 0, 1);
    delay(d);
    setStep(1, 0, 0, 1);
    delay(d);
  }
}
```

　　如果想让电动机向相反方向转动，就把这4种格式反向即可。

```
void back(int d, int steps)
{
  for (int i = 0; i < steps / 4; i++)
  {
    setStep(1, 0, 0, 1);
    delay(d);
    setStep(0, 1, 0, 1);
    delay(d);
    setStep(0, 1, 1, 0);
    delay(d);
    setStep(1, 0, 1, 0);
    delay(d);
  }
}
```

　　"setStep"函数实际上设置了电动机控制器的正确输出。

```
void setStep(int w1, int w2, int w3, int w4)
{
  digitalWrite(AIN1pin, w1);
```

```
digitalWrite(AIN2pin, w2);
digitalWrite(PWMApin, 1);
digitalWrite(BIN1pin, w3);
digitalWrite(BIN2pin, w4);
digitalWrite(PWMBpin, 1);
}
```

7.8 如何制作一个简单的 "漫步者" 机器人

在这个电子设计里，我们将会学习如何制作一个 "漫步者" 机器人。我们需要使用在 "如何使用一个无线遥控模块" 一节中用过的 RF 射频远程控制，还有在 "如何使用 H 桥模块来控制直流电动机" 一节中用过的 H 桥模块。当然还需要 Arduino 开发板。

这个电子设计将会教会我们如何使用 Arduino 开发板来控制一个电动机模块。

我们制作的机器人使用一个廉价的机器人底盘套件，包含了两个齿轮电动机，如图 7-30 所示。

图 7-30 "漫步者" 机器人

我们使用到了一块小的面包板，在面包板上面有电动机模块和 RF 射频接收模块。因此除了在电动机控制器上焊接排针，没有其他的焊接工作了。

7.8.1 你需要

搭建这个电路，需要以下元器件：

数量	名称	试验材料	附录编码
1		无焊面包板	T5
		实芯跨接线	T6
1		6节AA电池的电池盒	H8
1		6节AA电池	
*1		电池夹到2.1 mm jack插头的跨接线	H9
1		LED灯	K1
1		SparkFun TB6612FNG印制电路板	M9
1		魔术师底盘	H7
1		排针	K1,H4
1	C1	1000 μF 16 V电容	C1
1	C2	100 μF 16 V电容	C2
1		Arduino Uno/Leonardo 开发板	M2/M21
1		USB线；Uno使用Type B类型的线，Leonardo使用Micro USB类型的线	

*注意：如果你使用Adafruit电池盒，那么就已经自带2.1 mm jack插头了，因此也就不需要这个元器件了。

7.8.2　电路搭建

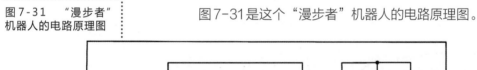

图7-31是这个"漫步者"机器人的电路原理图。

图7-31　"漫步者"机器人的电路原理图

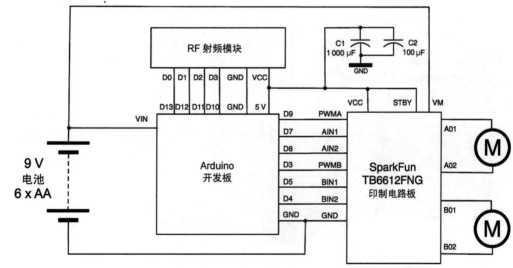

使用模块简化了我们的工作。唯一需要添加的元器件就是两个电容：C1和C2。它们是用来防止出现电池电压急剧下降而让Arduino开发板重启的现象。

步骤一：搭建"魔术师"底座

这个电子设计搭建在魔术师底盘上（见图7-32）。这个底座是用螺母与螺栓搭建而成的。根据底座的说明书来搭建底座，但是不用连接套件自带的电池盒，也不用连接正中间的支撑柱。这是由于 Arduino 开发板需要的电能要比 4 节 AA 电池提供的 5~6 V 的电压高一些。因此，你需要将装载 4 节电池的电池盒换成 6 节的。

图 7-32　魔术师底盘

步骤二：加载 Arduino 程序

最好能在下一步连接电路前将程序加载到 Arduino 开发板上。加载程序"rover"到 Arduino 开发板上。

步骤三：将 Arduino 开发板和面包板连接在底座上

在底座上找到一个合适的固定孔，使用小螺母和螺栓来固定 Arduino 开发板。你还可以使用橡皮筋来固定 Arduino 开发板。一些面包板的背面会有黏性，可以直接将它黏在底座上边。或者还可以使用橡皮筋将其暂时固定在底座上。

步骤四：搭建面包板

图 7-33 是这个电子设计的面包板布线图，图上还展示了面包板如何与 Arduino 开发板相连。

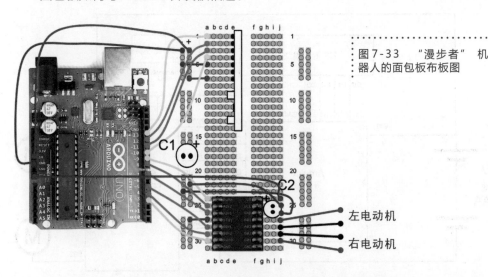

图 7-33　"漫步者"机器人的面包板布板图

这个设计中有许多的导线，因此在你焊接导线完成时你得再检查一遍导线是否都焊接正确。你可以将这一页打印下来，然后对着面包板布线图一条一条导线检查，如果连接正确就用一支铅笔画一个对号，这个方法能保证这些导线连接正确。

另外，不像我们之前在大面包板上的设计一样，在这里我们使用外侧一列作为GND地线的连接点，而内侧一列作为5 V电压的连接点。

步骤五：连接电动机

每个电动机都有红黑导线。在电动机左端找到红黑导线，将其连接到电动机模块中的A01和A02管脚。然后在电动机右端找到红黑导线，连接到B01和B02管脚。

步骤六：连接电池

如果电池盒是两排电池的，那么它安装在底座上将正合适，底座上面的塑料板会稍微弯曲来容纳电池盒。如果电池盒是一排的，就像Adafruit盒那样，你可以使用螺母和螺栓将它固定在底座的底部塑料板之上。

7.8.3　测试

当一切就绪，连接电池，在远处按下按钮。遥控器上的C键会让机器人向前行进，B键会让机器人立即向右旋转，D键会让它向左旋转。而A键会让机器人制动。

7.8.4　软件

这个设计的代码太长了，在这里不全部罗列出来，我们只关注核心部分的代码。

当你按下按键，RF射频接收器会触发输出端。因此按一下按键，电路开启，再按一下按键，电路会关闭。然而，我们并不希望电路这样工作，我们只想知道什么时候按键按下了即可。

为了实现这个功能，我们一直记录输出的最新状态，当输出改变时，报告输出改变。这是通过使用以下矩阵储存输出状态和另一个矩阵"remotePins"来实现的：

```
int remotePins[] = {10, 11, 12, 13};
int lastPinStates[] = {0, 0, 0, 0};
```

用于检测输出状态改变的函数如下所示：

```
int getKeyPress()
{
  // the outputs on the RF module toggle
  // so see what's changed and that's the
  // key that was pressed
  int result = -1;
  for (int i = 0; i < 4; i++)
  {
    int remoteInput = digitalRead(remotePins[i]);
    //Serial.print(remoteInput);
```

```
    if (remoteInput != lastPinStates[i])
    {
      result = i;
    }
    lastPinStates[i] = remoteInput;
  }
  return result;
}
```

　　"loop"函数调用了"getKeyPress"函数来检测按键是否按下，然后再调用相应的函数来实现该按键功能。

```
void loop()
{
  int keyPressed = getKeyPress();
  Serial.println(keyPressed);

  if (keyPressed == 3)
  {
    stopMotors();
  }
  else if (keyPressed == 0)
  {
    turnLeft();
  }
  else if (keyPressed == 2)
  {
    turnRight();
  }
  else if (keyPressed == 1)
  {
    forward();
  }
  delay(20);
}
```

　　实现控制运动功能的函数都很类似。这里只介绍控制"漫步者"机器人向左转的函数。

```
void turnLeft()
{
  digitalWrite(AIN1pin, HIGH);
  digitalWrite(AIN2pin, LOW);
  analogWrite(PWMApin, slowPower);
  digitalWrite(BIN1pin, LOW);
  digitalWrite(BIN2pin, HIGH);
  analogWrite(PWMBpin, slowPower);
}
```

　　这个函数设置了 AIN 和 BIN 管脚的值——在上面的程序里是设置电动机向相反方向旋转。PWM 波的功率是由"analogWrite"函数使用"fullPower"或者"slowPower"变量来控制的。

7.9 如何使用一个七段码 LED 显示屏模块

七段码 LED 显示屏很有"复古风"的感觉。

由多个 LED 显示管组成的 LED 显示屏很难控制。这种显示屏通常使用一个微控制器来控制。然而，并不需要使用微控制器的输出管脚连接每一个 LED。而是多 LED 显示屏被设计为"公共阴极"或者"公共阳极"，所有 LED 的阴极或者阳极都连接在一点，成为"公共阴极"或者"公共阳极"。图 7-34 是一个七段码显示屏内部 LED 的连接图，其中所有二极管的阴极都连接在一起，形成"公用阴极"。

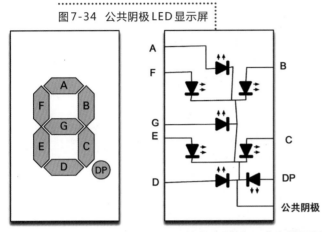

图 7-34　公共阴极 LED 显示屏

在一个类似的具有"公共阴极"的显示屏内，"公共阴极"会连接到地，每个 LED 的阳极都连接一个单独的电阻并由一个微控制器驱动。不要用一个公共电阻连接所有阳极，并且不要在非公共连接点上连接电阻，这是由于不管多少点亮 LED 灯，电流都会被限制。正由于如此，负载有越多的 LED 灯，显示屏就会变得越暗。

这在多显示屏的情况下也是如此。比如说，图 7-35 是三位数、七段码公共阴极的 LED 显示屏。

图 7-35　3 位数七段码 LED 显示屏

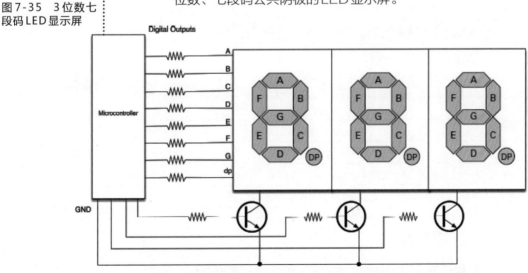

在这个显示屏里，显示屏内的每一位数都像图 7-34 中的单位数显示屏一样，有它自己的公共阴极。另外，所有 A 段码阳极都连接在一起，其他阳极也是一样。

使用这个显示屏的 Arduino 开发板将会按顺序激活每个公共阴极，接着显示该位数字正确的数值，然后移动到下一位上。这个过程刷新得非常快，因此看起来显示屏在每一位上显示不同的数字。这个技术叫做"多路复用技术"。

注意三极管的作用是控制公共阴极。三极管能控制 8 个左右数量 LED 灯的电流，如果再多几个 LED 灯，那么电流对于微控制器来说就太大了。

幸运的是我们能够使用模块来简化使用多位数七段码 LED 显示屏的操作。

图 7-36 是一个 4 位数七段码 LED 显示屏。它具有 4 个管脚，其中 2 个连接电源。

图 7-36　4 位数七段码 I2C 显示屏

7.9.1　你需要

搭建这个电路，需要以下材料：

数量	试验材料	附录编码
1	无焊面包板	T5
	实芯跨接线	T6
1	Arduino Uno/Leonardo 开发板	M2/M21
1	USB 线；Uno 使用 Type B 类型的线，Leonardo 使用 Micro USB 类型的线	
1	Adafruit 七段码显示屏功能模块	M19

7.9.2　电路搭建

功能模块是以套件形式出售的，因此首先要根据购买七段码功能模块的说明书来组装这个模块。

LED 模块使用了 Adruino 开发板上一种叫做"I2C"（读作"I squared C"）的串行接口。这只需要两个管脚，但是它们必须是 Arduino Uno 开发板"AREF"管脚上面的两个管脚,这两个管脚名分别为"SDA"和"SCL"。

这意味着,很可惜,这个模块不能直接插入 Arduino 开发板,我们必须使用面包板来将它连接到 Arduino 开发板。

图 7-37 是面包板的布板图,图 7-38 是连接着七段码显示屏的面包板实物图。

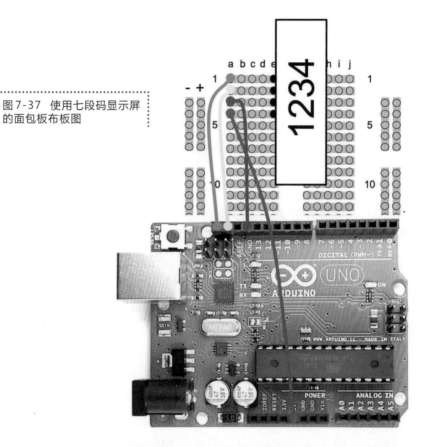

图 7-37 使用七段码显示屏的面包板布板图

图 7-38 七段码显示屏的实物图

7.9.3 软件

Adafruit 提供了相应的函数库，从而使用户能更方便地使用这个模块。

你需要将这个函数库下载下来并复制到你 Arduino 文件夹的函数库文件夹"libraries"内。详细操作可以参考 Adafruit 网站的介绍 www.adafruit.com/products/880 。

七段码显示屏模块所需的 3 个函数库使用 #include 在程序里声明出来。

```
// seven_seg_display

#include <Wire.h>
#include "Adafruit_LEDBackpack.h"
#include "Adafruit_GFX.h"
```

下面一行代码的作用是将一个变量与显示屏对象连接起来，可以告诉显示屏所要显示的内容。

```
Adafruit_7segment disp = Adafruit_7segment();
```

"setup"函数开启了 I2C 管脚上的串行通信，然后初始化显示屏。十六进制数值 0×70 是显示屏模块 I2C 的地址。0×70 是默认的地址，但是在七段码显示屏模块上有焊接的连接点，你可以通过合并连接点来改变这个默认地址。如果你有多个显示屏的时候也许需要这样做，由于每个显示屏都需要有一个单独的地址。

```
void setup()
{
  Wire.begin();
  disp.begin(0x70);
}
```

"loop"函数显示 Arduino 开发板重启后所经历的时间（以毫秒为单位）除以 10 之后的结果。因此显示屏显示时间的单位是百分之一秒。

```
void loop()
{
  disp.print(millis() / 10);
  disp.writeDisplay();
  delay(10);
}
```

7.10 如何使用一个实时时钟模块

可以写一个 Arduino 程序来进行计时，但是一旦断开电源后，这个计时就丢失了，又需要重新来计时。解决这个问题的办法就是使用一个 RTC（real-time clock 实时时钟），如

图7-39所示。

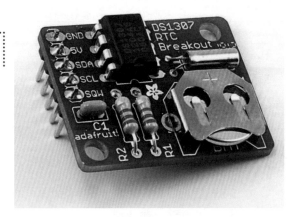

图7-39　RTC实时时钟模块

这个特殊的模块同样也是Adafruit公司的产品。其他许多公司也有类似的产品，只不过是它们的管脚分配可能会有差别。

RTC实时时钟模块包含一个锂电池，可以在这个模块没有电源时提供足够的电量来保持时钟继续走下去，这个锂电池能够维持数年的时间。

我们可以将RTC实时时钟模块与我们在上一节使用的七段码功能模块结合起来，来制作一个我们自己的简单数字时钟（见图7-40所示）。

图7-40　一个"简易"数字时钟

7.10.1　你需要

搭建这个电路，需要以下材料：

数量	试验材料	附录编码
1	无焊面包板	T5
	实芯跨接线	T6
1	Arduino Uno/Leonardo 开发板	M2/M21
1	USB线；Uno使用Type B类型的线，Leonardo 使用Micro USB类型的线	
1	Adafruit七段码显示屏功能模块	M19
1	RTC实时时钟模块	

7.10.2 电路搭建

RTC实时时钟模块也是以套件形式出售的，因此首先需要根据说明书将这个模块组装起来。

RTC实时时钟模块同样也使用I2C管脚，并且有一个与显示屏不同的地址，因此我们不需要改变任何东西。

图7-41是数字时钟的面包板布板图。

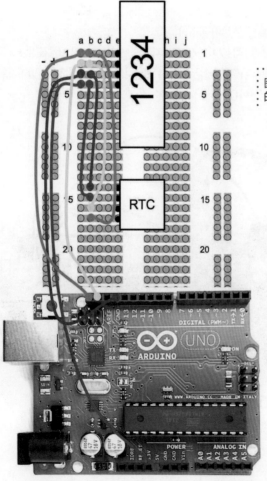

图7-41　数字时钟电路的面包板布板图

7.10.3　软件

　　将程序"clock"加载到 Arduino 开发板上。显示屏应该立刻就显示出你计算机上的时间。

　　这个设计的程序与"如何使用一个七段码 LED 显示模块"一节中的程序大部分都一样。但比之前的程序多了 RTC 实时时钟模块的函数库，我们需要将这个函数库导入到程序内。下载这个函数库的说明请参考 RTC 实时时钟模块的网址：www.adafruit.com/products/264。

```
// clock

#include <Wire.h>
#include "Adafruit_LEDBackpack.h"
#include "Adafruit_GFX.h"
#include "RTClib.h"
```

　　除了要创建一个显示屏，我们现在还需要给 RTC 实时时钟一个名字，就叫"RTC"。

```
RTC_DS1307 RTC;
Adafruit_7segment disp = Adafruit_7segment();
```

　　"setup"函数现在多了开启 RTC 实时时钟模块的指令，让这个模块做好接收指令的准备。"If"函数检查 RTC 模块的时钟是否激活。如果这是它第一次使用，那么这个时钟将没有被激活，这种情况下，程序对时钟进行初始化，让它记录下计算机上的时间。

```
void setup()
{
  Wire.begin();
  RTC.begin();
  if (! RTC.isrunning())
  {
      RTC.adjust(DateTime(__DATE__, __TIME__));
  }
  disp.begin(0x70);
}
```

　　"loop"函数读取 RTC 实时时钟模块上的时间然后显示出来。它还使用了显示函数库中的"drawColon"函数，通过每隔 0.5 s 将其开启或关闭来形成一个闪烁的冒号。

```
void loop()
{
  disp.print(getDecimalTime());
  disp.drawColon(true);
  disp.writeDisplay();
  delay(500);
  disp.drawColon(false);
  disp.writeDisplay();
  delay(500);
}
```

"getDecimalTime"函数从 RTC 实时时钟模块中读出小时数和分钟数，然后将它们转化为十进制数字，在显示屏上显示出来。前面的两位数字代表小时，剩下的两位数代表分钟。

```
int getDecimalTime()
{
  DateTime now = RTC.now();
  int decimalTime = now.hour() * 100 + now.minute();
  return decimalTime;
}
```

小结

除了本章介绍的功能模块外，你还可以在电子元器件公司（如 Adafruit 和 SparkFun 等）的网站上找到更多其他有用的模块。同时，网站上也有介绍某个功能模块如何使用及技术参数表等资料。如果你打算使用某模块，首先你需要去看一看如何使用它。除了该模块公司网站上的技术参数表和教程，你还可以在互联网上搜索这个模块，通常都可以找到许多如何使用这个功能模块的信息。

第 8 章

使用传感器进行电子制作

本章与第6、7、8章节都稍有重复，这是由于许多传感器也是模块，可以用在 Arduino开发板上。

在本章内，我们将会介绍如何使用众多传感器，从辅助功能电路到Arduino开发板的输入信号，等等。

8.1 如何检测有害气体

在这一节中，我们将会使用一个甲烷传感器（见图8-1所示）。

 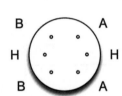 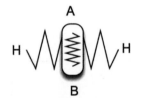

图8-1 甲烷传感器

你也许会觉得这样的传感器一般都很贵，但实际上它们很便宜。在甲烷传感器内，有一个小的加热器（在两个H连接点之间），还有一个催化传感元器件，这个元器件的电阻根据甲烷的浓度改变而改变。尽管这个设计是由电池供电的，但是电源消耗得会非常快，这是由于传感器的加热单元会消耗150～200 mA的电流。

甲烷浓度的感知对于科学与工业都有着很大的意义。然而我们将会把这项技术应用在幼稚的地方——检测放屁。

8.1.1 你需要

要想制作这个气体传感器，需要以下材料：

数量	名称	试验材料	附录编码
1	D1	LED	K1
1	R1	10 kΩ 电位器	K1
1	R2	10 kΩ 电阻	K2
1	R3	470 kΩ 电阻	K2

续表

数量	名称	试验材料	附录编码
1	IC1	LM311比较器	S7
1		甲烷传感器MQ-4	M11
1		压电式蜂鸣器（具有自己的振荡器）	M10
1		无焊面包板	T5
		实芯跨接线	T6
1		4节AA电池盒	H1
1		4节AA电池	
1		电池夹	H2
1		*Arduino Uno/Leonardo开发板	M2/M21
1		*USB线；Uno使用Type B类型的线，Leonardo使用Micro USB类型的线	

注意：带"*"号的器件只在你想要将传感器连接到Arduino开发板时候才用到。

这个设计中使用的蜂鸣器必须要有自己的振荡器电路，工作在6 V的电压下。

8.1.2 LM311比较器

图8-2是气体探测器的电路原理图。

图8-2 甲烷气体探测电路的原理图

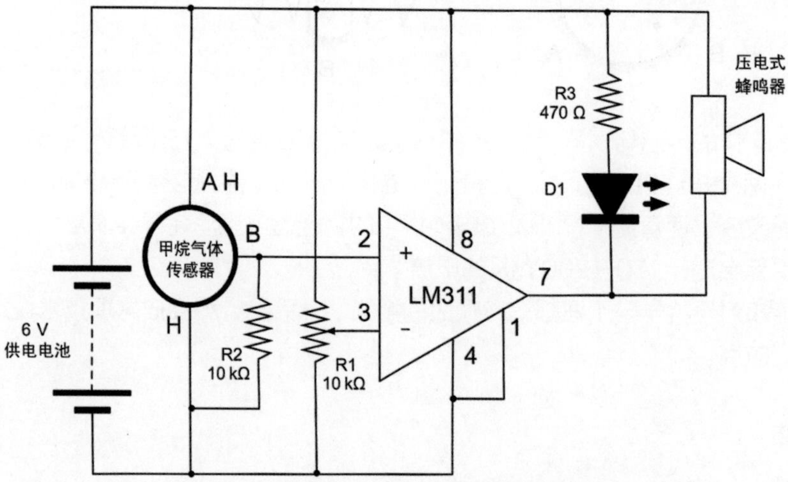

这个电路的核心元器件就是比较器的集成电路芯片（LM311）。比较器，正如名字一样，它可以比较两个电压的大小。如果在比较器"+"管脚上的电压高于它"-"管脚上的电压，那么它的输出变为高电平。在这个电路中，这将会使LED灯点亮并使蜂鸣器发声。

电位器为电压比较器的负极输入提供阈值电压。要使用这个气体探测器，旋转电位器直到LED灯点亮。如果传感器的输出电压大于比较器负极输入电压，LED 灯会再次点亮。

甲烷传感器具有特殊的连接点。它有 6 个连接点，但其实其中的几个管脚在传感器内部是成对相连的（见图 8-1）。连接点 H 是一个加热单元，用来加热位于 A 点与 B 点之间的催化传感层。当检测到甲烷气体，A 点与 B 点之间的电阻减小。R2 与传感单元形成一个分压器。传感器具有两个电阻（一个作为加热器，一个作为传感器）的好处是管脚连接点可以反转。

甲烷传感器的管脚较粗并且位置特殊，因此它们无法直接放在面包板上。正因为如此，我们需要在这些管脚上焊接一些导线（见图 8-3）。

你不用在每个管脚上都焊接导线，只用焊接以下管脚：

图 8-3　将导线焊接到甲烷传感器上

- 焊接一根红色导线连接到传感器一边所有的管脚（两个 A 管脚和一个 H 管脚）。
- 电阻焊接到 B 点与加热器的 GND 地线端。
- GND 地线焊接到加热器的 GND 地线端（黑色导线）。
- 输出导线焊接到 B 点（黄色导线）。

8.1.3　面包板

图 8-4 是气体探测器的面包板布板图。图 8-5 是这个设计完成后的实物图。

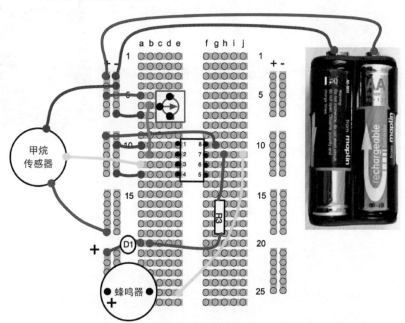

图 8-4　气体探测器的
面包板布板图

面包板布板图非常简单，但是要注意 IC 元器件的方向正确。当完成面包板电路的搭建后，本书在这里不会介绍测试方法，而是留给读者来思考。提示一下，在传感器上深呼吸，会使甲烷警报关闭。

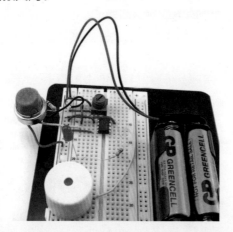

图 8-5 气体探测器的实物图

8.1.4 在 Arduino 开发板上使用气体传感器

除了在甲烷传感器上焊接 3 根导线，通过面包板连接到 Arduino 开发板，我们还可以制作见图 8-6 所示的导线，将其直接连接在 Arduino 开发板上。

将传感器正极连接点连接到 Arduino 开发板 5 V 的管脚上，传感器 GND 管脚连接 Arduino 开发板 GND 管脚，传感器的输出管脚连接 Arduino 开发板的 A3 管脚。

由于传感器的工作电流能够达到 200 mA，所以必须使用 Arduino 开发板上的 5 V 和 GND 连接点来为它供电，而不能使用一个数字输出来为甲烷传感器供电。

以下程序（程序名："methane"）会在 Serial Monitor 上显示传感器的读数。再次强调一下，在传感器上深呼吸，传感器的读数会增加。

图 8-6 在 Arduino 开发板上使用甲烷气体传感器

```
// methane
int analogPin = 3;
void setup()
{
  Serial.begin(9600);
  Serial.println("Methane Detector");
}
void loop()
{
  Serial.println(analogRead(analogPin));
  delay(500);
}
```

8.2　如何检测某物体的颜色

集成电路 TCS3200 是一种方便使用的测量某物体颜色的 IC 元器件。这个芯片有一些变种，但是工作原理是相同的。TCS3200 是透明封装，在芯片的表面上有带着不同颜色滤镜（红色，绿色和蓝色）的光电二极管。你可以读出相应的原色数量。

使用 TCS3200 芯片最简单的方法就是购买一个见图 8-7 所示的电路模块。

这个模块花费还不超过 10 美金，它具有 4 个白色 LED 灯来照亮你想要检测颜色的物体。这个模块还具有很方便的排针。

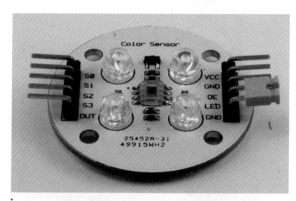

图 8-7　光感功能模块

表 8-1 是这个模块的管脚及其用途。除了为 LED 供电的管脚，这些管脚都是直接连接芯片 TCS3200 的，因此使用 TCS3200 的其他模块，可能管脚的位置不同，但是接线的方式都会类似。

TCS3200 芯片并不会产生模拟输出信号，而是通过内置振荡器产生一连串频率不同的与光强成比例关系的脉冲信号。用户可以通过改变数字输入管脚 S2 和 S3 的值来选择滤波器模式，这决定了输出脉冲信号频率所代表的颜色。

表 8-1　颜色传感模块的管脚分配

管脚	描述	描述	管脚
S0	管脚 S0 和 S1 选择频率范围。两个管脚都应该设置到高电平上。	2.5～5.5 V 之间	VCC
S1		地线	GND
S2	红色——S2 和 S3 管脚都为低电平	输出使能管脚——设置在低电平能让芯片有效开启	OE
S3	绿色——S2 和 S3 管脚都为高电平	连接到地线来开启 LED 灯。	LED
	蓝色——S2 管脚为低电平，S3 管脚为高电平		
	白色——S2 管脚为高电平，S3 为低电平		
OUT	输出脉冲	地线	GND

8.2.1 你需要

数量	试验材料	附录编码
1	Arduino Uno/Leonardo 开发板	M2/M21
1	USB 线；Uno 使用 Type B 类型的线，Leonardo 使用 Micro USB 类型的线	
1	颜色传感模块	M12
1	Male to female 跨接线套装	T12

8.2.2 电路搭建

对于这个电路来说，"搭建"这个词显得过于复杂了。这个模块能直接插入 Arduino 开发板（见图 8-8 所示），保持芯片面朝外部，管脚连接情况如下：

- S0 管脚连接 Arduino 开发板的 D3
- S1 管脚连接 Arduino 开发板的 D4
- S2 管脚连接 Arduino 开发板的 D5
- S3 管脚连接 Arduino 开发板的 D6
- OUT 管脚连接 Arduino 开发板的 D7

图 8-8　连接 Arduino 开发板的颜色传感模块

你还需要 3 个 M/F 跨接线套装来进行连接：

- VCC 管脚连接 Arduino 开发板的 5 V
- GND 管脚连接 Arduino 开发板的 GND
- OE 管脚连接 Arduino 开发板的 GND

图 8-9 中的颜色传感器模块正在检测魔方的颜色。

图 8-9　检测魔方上的颜色

8.2.3　软件

这个电子设计使用的程序名称为"coler_sensing"。

```
// color_sensing
int pulsePin = 7;
int prescale0Pin = 3;
int prescale1Pin = 4;
int colorSelect0pin = 5;
int colorSelect1pin = 6;
```

管脚是以它们的功能命名的，而不是管脚号。

"setup"函数设置合适的管脚模式，然后设置两个"prescale"管脚，控制输出频率范围到高电平，开始串联通信，接着显示一个欢迎消息。

```
void setup()
{
  pinMode(prescale0Pin, OUTPUT);
  pinMode(prescale1Pin, OUTPUT);
  // set maximum prescale
  digitalWrite(prescale0Pin, HIGH);
  digitalWrite(prescale1Pin, HIGH);
  pinMode(colorSelect0pin, OUTPUT);
  pinMode(colorSelect1pin, OUTPUT);
  pinMode(pulsePin, INPUT);
  Serial.begin(9600);
  Serial.println("Color Reader");
}
```

"loop"函数读出 3 种不同的颜色（在之后我们介绍如何会让它读更多的颜色），然后显示主要的颜色。注意数值越小，那个颜色越明亮。

```
void loop()
{
  long red = readRed();
  long green = readGreen();
  long blue = readBlue();
  if (red < green && red < blue)
{
    Serial.println("RED");
  }
  if (green < red && green < blue)
  {
    Serial.println("GREEN");
  }
  if (blue < green && blue < red)
  {
    Serial.println("BLUE");
  }
```

```
    delay(500);
}
```

　　"readRed"，"readGreen"，"readBlue"和
"readWhite"函数分别使用了相应的 S2 和 S3 值来调用
"readColor"函数。

```
long readRed()
{
  return (readColor(LOW, LOW));
}
```

　　函数"readColor"首先为颜色设置合适的管脚，在变量
"start"里记录下起始时间。然后等待 1 000 个脉冲。接着，
它返回现在时间与起始时间的差值。

```
long readColor(int bit0, int bit1)
{
  digitalWrite(colorSelect0pin, bit0);
  digitalWrite(colorSelect1pin, bit1);
  long start = millis();
  for (int i=0; i< 1000; i++)
  {
    pulseIn(pulsePin, HIGH);
  }
  return (millis() - start);
}
```

　　尽管没有使用到，但是在代码中，有一个函数将颜色值写
到 Serial Monitor 中。

```
void printRGB()
{
  Serial.print(readRed()); Serial.print("\t");
  Serial.print(readGreen()); Serial.print("\t");
  Serial.print(readBlue()); Serial.print("\t");
  Serial.println(readWhite());
}
```

8.3 如何检测震动

　　压电震动传感器，见图 8-10 中所示的
SparkFun 公司生产的一样，能够很容易的用
在 Arduino 开发板上。

　　压电震动传感器是一个压电材料的薄带，
在它的末端有一个铆钉充当一个重物。当有振
动出现时，重物也会移动，将压力传给压电材
料从而产生一个尖峰电压。使用合适的设备测
试可以发现，尖峰电压能够达到 80 V 之高。

图 8-10　压电震动传感器

然而，由于我们想要将压力震动传感器连接到 Arduino 开发板的模拟输入，所以输入端接的电阻必须足够大来降低这个尖峰电压，防止它损坏 Arduino 开发板。

8.3.1　你需要

使用压力震动传感器来检测震动，需要以下材料：

数量	试验材料	附录编码
1	Arduino Uno/Leonardo 开发板	M2/M21
1	USB 线；Uno 使用 Type B 类型的线，Leonardo 使用 Micro USB 类型的线	
1	压力震动传感器	M13
1	LED	K1
1	220 Ω 电阻	K2

8.3.2　电路搭建

图 8-11　使用 Arduino 开发板来检测震动

压电震动传感器也是一个非常适用于 Arduino 开发板的传感器。它可以直接插入 Arduino 开发板的插槽中。在这里，我们将它插入管脚 A0 与 A1 中。A0 将会被设置为一个输出 LOW，用于为传感器提供地线连接（见图 8-11）。注意这个模块的一边标记了"+"号，将这一边连接到管脚 A1 上。

正如第六章 6.5 节"如何使用 Arduino 开发板来控制一个 LED 灯"中所介绍的一样，LED 连接了一个电阻。可以将 LED 的正极连接到 Arduino 开发板的插槽 8 中，负极连接着电阻插入 GND 插槽中。

8.3.3　软件

下面的程序从运行后就使用了"校准技术"来获得传感器中"no vibration（无震动）"的读数。然后程序等待直到传感器的读数超过了设定的阈值，这会点亮 LED 灯。按下 Arduino 开发板的"reset"键会使传感器重新检测振动。

```
// vibration_sensor
int gndPin = A0;
int sensePin = 1;
int ledPin = 8;
```

　　在定义完使用的管脚后，我们接着定义两个变量。变量"normalReading"在校准时会使用到，变量"threshold"是模拟信号的阈值，在校准值"normalReading"之上，再超过这个阈值后，会点亮LED。

```
int normalReading = 0;
int threshold = 10;
```

　　"setup"函数设置了合适的管脚模式，然后调用了"calibrate"函数，在没有震动时读出传感器的读数。

```
void setup()
{
  pinMode(gndPin, OUTPUT);
  digitalWrite(gndPin, LOW);
  pinMode(ledPin, OUTPUT);
  normalReading = calibrate();
}
```

　　"loop"函数仅仅是读数，然后来看看它是否大于阈值电压了，如果读数比阈值电压大，则点亮LED灯。

```
void loop()
{
  int reading = analogRead(sensePin);
  if (reading > normalReading + threshold)
  {
    digitalWrite(ledPin, HIGH);
  }
}
```

　　在"calibrate"函数中，程序先读出了100个数值，然后将这100个数值取平均值作为一次读数，每个读数之间间隔1 ms的延时。程序中，使用一个"long"长整型数据的变量来储存这些数值的加和，这是因为总和值可能会太大了，超过"int"整型数据的表示范围。

```
int calibrate()
{
  int n = 100;
  long total = 0;
  for (int i = 0; i < n; i++)
  {
    total = total + analogRead(sensePin);
    delay(1);
  }
  return total / n;
}
```

8.4　如何测量温度

市场上有许多不同种类的温度传感器。其中最简单的一种传感器型号是 TMP36（见图 8-12）。

+VS

OUT

GND

从底部视角来看

图 8-12　TMP36 温度传感器

可以直接使用这个传感器，在 Serial Monitor 上显示温度，还可以把这个温度传感器结合我们第 6 章所制作的继电器模块来使用。

8.4.1　你需要

使用这个温度测量 IC 元器件，需要以下材料：

数量	试验材料	附录编码
1	Arduino Uno/Leonardo 开发板	M2/M21
1	USB 线；Uno 使用 Type B 类型的线，Leonardo 使用 Micro USB 类型的线	
1	TMP36 温度传感 IC 元器件	S8

8.4.2　电路搭建

图 8-13　连接 Arduino 开发板的 TMP36 温度传感器

TMP36 温度传感器元器件只有三个管脚，两个是电源管脚，一个是模拟信号输出管脚。电源管脚需要在 2.7 ~ 5.5 V 之间，因此我们可以使用 Arduino 开发板 5 V 的管脚来为它供电。事实上，我们可以使用数字输出管脚为其供电，只需要将整个 TMP36 温度传感器元器件插入 Arduino 开发板即可（见图 8-13）。

8.4.3　软件

程序 "temperature_sensor" 应该和我们熟悉的格式一样。首先定义管脚，然后在 "setup" 函数中为温度传感器提供电能的两个管脚分别设置为低电平（连接 GND）和高电平

（连接正极）。

```
// temperature_sensor
int gndPin = A1;
int sensePin = 2;
int plusPin = A3;
void setup()
{
  pinMode(gndPin, OUTPUT);
  digitalWrite(gndPin, LOW);
  pinMode(plusPin, OUTPUT);
  digitalWrite(plusPin, HIGH);
  Serial.begin(9600);
}
```

"loop"函数读出模拟信号输入的数值，在这之后进行一些运算来计算出实际的温度。

首先，计算模拟信号输入的电压。将原始数值（0~1 023 之间）除以205。之所以要除以205是因为想让之前0~1 023 的区间缩小到0~5 V，可以用电压值来表示。

TMP36输出一个电压，使用下面的公式可以计算出温度（以摄氏度为单位）。

TempC = 100.0 * volts − 50

为了方便用户，程序还将温度值转化成了华氏温标，并显示在 Serial Monitor 上。

```
void loop()
{
  int raw = analogRead(sensePin);
  float volts = raw / 205.0;
  float tempC = 100.0 * volts - 50;
  float tempF = tempC * 9.0 / 5.0 + 32.0;
  Serial.print(tempC);
  Serial.print(" C");
  Serial.print(tempF);
  Serial.println(" F");
  delay(1000);
}
```

8.5 如何使用一个加速计

小型加速计模块现在在市场上价格也不高（见图8-14）。图中的两个模块非常相似，它们都支持5 V电压，能够提供三个轴上的模拟输出。左边那个加速计模块是Freetronics公司（www.freetronics.

图8-14 加速计模块

com/am3x）生产的，而右边的是Adafruit公司的产品（www.
adafruit.com/products/163）。

　　这两个模块是三轴加速计，它们可以测量加在芯片里的一
个微小重物所承受的力。其中两个坐标轴X轴和Y轴的方向与
PCB平行。

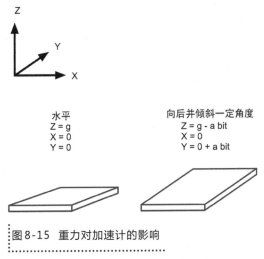

水平
Z = g
X = 0
Y = 0

向后并倾斜一定角度
Z = g - a bit
X = 0
Y = 0 + a bit

图8-15　重力对加速计的影响

　　X轴与Y轴平行于PCB电路板。第
三个坐标轴（Z轴）与模块的表面呈
90°角。通常由于重力的原因，Z轴上
会一直受到重力的作用。因此，如果
你将这个模块倾斜一个角度，重力就
会施加在你倾斜的那个坐标轴上（见
图8-15）。

　　我们将会制作一个电子版的"汤匙
盛蛋赛跑"游戏来测试这个加速计模
块。这个电路的原理是使用加速计来检
测汤匙倾斜的角度，当鸡蛋有从汤匙中
掉出的危险时，让一个LED开始闪烁
进行报警。当汤匙倾斜很大的角度足够使鸡蛋掉落时，电路
中的蜂鸣器会发出警报声（见图8-16）。

图8-16　Arduino开发板
与"汤匙盛蛋赛跑"游戏

8.5.1　你需要

　　制作这个电路你需要以下元器件：

数量	试验材料	附录编码
1	Arduino Uno/Leonardo 开发板	M2/M21
1	USB 线；Uno 使用 Type B 类型的线，Leonardo 使用 Micro USB 类型的线	
1	加速计	M15
1	压电式蜂鸣器	M3
1	LED	K1
1	220Ω 电阻	K2
1	电池夹到 2.1 mm jack 插头的跨接线	H9
1	木质汤匙	
1	PP3 9 V 电池	

8.5.2 电路搭建

简单思考一下，Freetronics 公司和 Adafruit 公司的两个加速计模块都可以直接插入 Arduino 开发板。在你向 Arduino 开发板插入加速计模块之前，要确保你在 Arduino 开发板写入了这个设计的程序。这是为了防止 Arduino 开发板之前写入的程序使用到了管脚 A0 ~ A5，这有可能会损坏加速计模块。

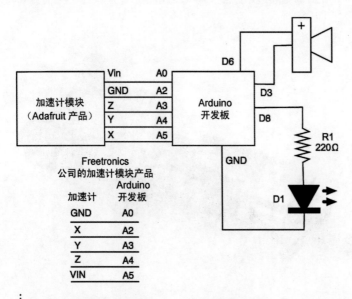

图 8-17 Arduino 开发板上的"汤匙盛蛋赛跑"游戏的电路原理图

图 8-17 是"Arduino 汤匙盛蛋赛跑"的电路原理图。

从图 8-18 中可以看出，所有的元器件都能放入 Arduino 的插槽中，LED 与电阻的组合和我们第六章使用的一样。LED 的正极连接 Arduino 的管脚 8，负极连接 GND 地线。蜂鸣器插在管脚 D3 与 D6 之间——D6 连接蜂鸣器的正极。如果你使

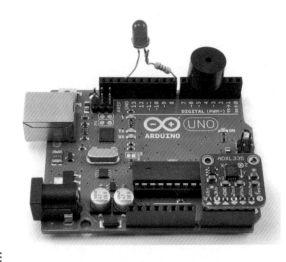

图 8-18 连接好所有电路元器件的 Arduino 开发板

用的蜂鸣器的管脚不是图中的管脚顺序，那么你可以使用 Arduino 上的其他管脚，但是要记得将程序中的两个变量"gndPin2"和"buzzerPin"修改到你使用的 Arduino 管脚上。

Freetronics 公司和 Adafruit 公司的两个加速计都能插入 Arduino 开发板的管脚（A0～A5）中，见图 8-18 所示。然而，这两个加速计模块的管脚分布有些不同。

这个电子设计使用 9 V 的电池连接适配器供电。Arduino 开发板与电池都通过一根橡皮筋与木质汤匙绑在一起。

8.5.3 软件

这个设计有两个版本的程序，分别是："egg_and_spoon_adafruit"和"egg_and_spoon_freetronics"。检查一下你使用的程序是否正确，然后记得在你将加速计插入 Arduino 开发板之前就要加载这个程序。

这两个程序的唯一不同点就是管脚分布。

首先介绍 Adafruit 版本的程序。

先是定义管脚。

```
// egg_and_spoon_adafruit
int gndPin1 = A2;
int gndPin2 = 3;
int xPin = 5;
int yPin = 4;
int zPin = 3;
int plusPin = A0;
int ledPin = 8;
int buzzerPin = 6;
```

"levelX"和"levelY"两个变量是用来测量木质汤匙水平状态下 X 轴与 Y 轴的静态值。

```
int levelX = 0;
int levelY = 0;
```

"ledThreshold"和"buzzerThreshold"两个参数分别设置的是不使 LED 灯点亮的摇晃程度，以及蜂鸣器对"鸡蛋掉落"报警的摇晃程度。

```
int ledThreshold = 10;
int buzzerThreshold = 40;
```

"setup"函数初始化 Arduino 的管脚，然后调用了"calibrate"函数来设置"levelX"和"levelY"的值。

```
void setup()
{
  pinMode(gndPin1, OUTPUT);
  digitalWrite(gndPin1, LOW);
  pinMode(gndPin2, OUTPUT);
  digitalWrite(gndPin2, LOW);
  pinMode(plusPin, OUTPUT);
  pinMode(ledPin, OUTPUT);
  pinMode(buzzerPin, OUTPUT);
  digitalWrite(plusPin, HIGH);
  calibrate();
}
```

在"loop"函数中，我们首先读出 X 轴与 Y 轴的加速度，然后来看看它们偏离"levelX"和"levelY"了多少。"abs"函数的作用是返回一个数值的绝对值，因此如果差值为负数，还是会返回一个正数，这个值将会与设置好的阈值电压来作比较。

```
void loop()
{
  int x = analogRead(xPin);
  int y = analogRead(yPin);
  boolean shakey = (abs(x - levelX) > ledThreshold
|| abs(y - levelY) > ledThreshold);
  digitalWrite(ledPin, shakey);
  boolean lost = (x > levelX + buzzerThreshold ||
y > levelY + buzzerThreshold);
  if (lost)
  {
    tone(buzzerPin, 400);
  }
}
```

"calibrate"函数中唯一复杂的一点就是我们必须在读数之前等待 200 ms。这留给了加速计足够的时间来启动。

```
void calibrate()
{
  delay(200); // give accelerometer time to turn on
  levelX = analogRead(xPin);
  levelY = analogRead(yPin);
}
```

8.6 如何感应磁场

使用一个具有 3 个管脚的 A1302 线性霍尔效应传感器将会使感应磁场变得简单。A1302 的使用方法和我们之前在 8.4 节"如何测量温度"中使用的 TMP36 温度传感器类似。

8.6.1 你需要

使用这个温度测量IC元器件，需要以下材料：

数量	试验材料	附录编码
1	Arduino Uno/Leonardo 开发板	M2/M21
1	USB线；Uno使用Type B类型的线，Leonardo 使用Micro USB类型的线	
1	A1302线性霍尔效应传感器	S12

8.6.2 电路搭建

和TMP36温度传感器一样，A1302线性霍尔效应传感器具有3个管脚，2个连接电源，1个是模拟输出管脚。电源电压

位于4.5～6 V之间，因此使用Arduino开发板5 V的管脚非常合适。

事实上，我们可以使用Arduino开发板数字输出管脚来为A1302传感器供电，只需要将整个芯片的3个管脚都插入 Arduino 开发板的模拟 connector 上（见图8-19）。A1302芯片上的凹点需要面朝外部摆放。

在你插入磁场传感器之前先加载Arduino程序以防管脚A1在之前的程序里被用作输出管脚了。

图 8-19 连接着Arduino开发板的A1302磁场传感器

8.6.3 软件

磁场传感器的程序与温度传感器的程序类似。

首先，设置3个管脚：数字管脚15和17（ A0和A2 ），A1管脚设置为传感器管脚。

```
// magnetic_sensor
int gndPin = A1;
int sensePin = 2;
int plusPin = A3;
void setup()
{
pinMode(gndPin, OUTPUT);
digitalWrite(gndPin, LOW);
pinMode(plusPin, OUTPUT);
digitalWrite(plusPin, HIGH);
Serial.begin(9600);
}
```

　　"loop" 函数读出初始读数然后将它发送给 Serial Monitor。

　　这个传感器并不是十分敏感，但是如果拿一个磁铁靠近传感器，会看到 Serial Monitor 上数值的变化。

```
void loop()
{
  int raw = analogRead(sensePin);
  Serial.println(raw);
  delay(1000);
}
```

小结

　　除了本书中介绍的几种传感器，还有许许多多的传感器，许多都可以使用模拟输入很方便地连接到 Arduino 开发板上，可以以本书介绍的传感器程序作为模板，修改一下使用在新的传感器上。

　　在下一章中，我们将会关注音频电子。

第 9 章

制作音频

在本章中，我们会介绍音频电路，学习如何制作声音放大电路以驱动一个扬声器。

本章还将学到如何制作一个用在车载MP3中的FM调频发射器，我们会将它用作窃听器。

首先，我们先来介绍如何使用，改善音频导线，然后将会学到如何制作属于自己的音频导线。

9.1 制作音频导线

可以立刻使用的音频导线非常便宜，除非你要买高端的音响设备导线。有时候，比如说你急需一根音频导线，或者需要一根特殊的音频导线，掌握如何使用你的废料箱里的元器件或者已经购买的连接头来制作一根音频导线就显得非常有用了。

许多消费电子器件都包含有多种多样的导线，你并不会都用到这些导线。将不用的导线放置在你的废料箱中以备之后什么时候制作导线使用。

图9-1中是几个不同类型的音频插头，一些插头直接焊接着后面的导线，另一些在导线和插头连接处用塑料封装了起来，这样的话就没有办法焊接了。然而用塑料封装的插头仍然有用。你可以将导线剪断，剥去外皮，而不是直接将它焊接到插头上。

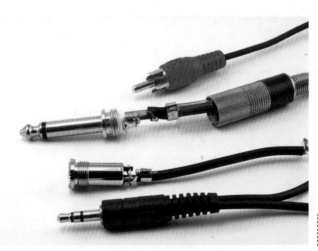

图9-1 各种各样的音频插头

9.1.1　基本原理

　　音频导线传输音频信号，音频信号通常都会经过一个功率放大器，我们最不想出现的情况就是音频信号里掺杂了电气噪声，降低了声音的品质。正是由于这个原因，音频信号导线通常都是屏蔽导线（见图9-2）。

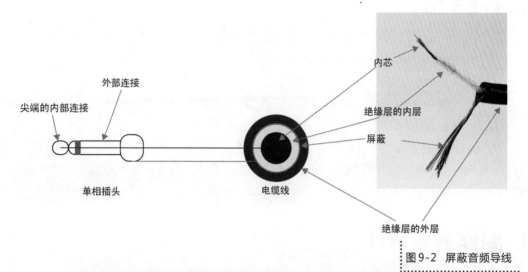

图 9-2　屏蔽音频导线

　　音频信号（如果是立体声的话会有两个音频信号）在绝缘多芯导线上传输，多芯导线被封装在一根屏蔽线中，屏蔽线的外部有一层导电的外壳，承载地线连接。

　　但是扬声器的导线是个例外。扬声器上的导线不是屏蔽的，这是因为音频信号被放大到足够大的水平后，扬声器电缆所产生的电气噪声将会无法被用户察觉。

9.1.2　焊接音频接线端子

　　如果有多层绝缘层，会让剥开音频接线端子变得更加困难。非常容易就不小心剪断了导线。剥绝缘层之前，在外部绝缘层上用小刀刻一圈会让剥皮顺利一些。

　　图9-3是将一根屏蔽导线焊接到一个6.3 mm插头的流程图，这个技术在连接电吉他的扬声器时会用到。

　　第一步是将最外边的绝缘层从导线的末端剥去20 mm（比1英寸稍微短一点）。将屏蔽线梳理到导线的一端，并将它们拧成一股。把内部绝缘层剥去5 mm［见图9-3（a）］，然后将两个导线的末端涂上一层焊锡［见图9-3（b）］。

　　插头上有两个焊接点：一个在插头外部，一个连着尖端。两个焊接点上都有小洞。图9-3（c）中，屏蔽线被剪短到了合适的长度，插入焊接孔中准备焊接，一旦屏蔽线焊接好了，焊接内芯到尖端上的焊接点 [见图9-3(d)]。

这些导线比较脆弱，因此确保内芯导线要有足够的长度 [见图9-3(e)]，以免插头弯曲导致导线断开了。注意插头末端的压力应变扣会将导线外部的绝缘层夹住。最后，插头一般都会有一个保护连接点的塑料套管。将这个塑料套管滑到连接处然后安装在插头外壳上。

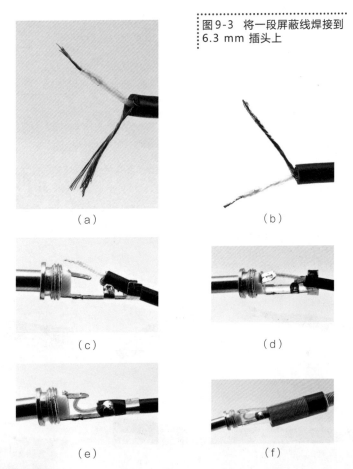

图9-3 将一段屏蔽线焊接到 6.3 mm 插头上

（a）　　　　　　　　（b）

（c）　　　　　　　　（d）

（e）　　　　　　　　（f）

小贴士 如果导线的另一端也有一个插头的话，记住在焊接第二个插头之前，一定要将第二个插头的附件和塑料套管装好，然后再进行焊接。否则不得不将所有焊接去焊。

9.1.3 将立体声信号转化为单声道信号

立体声音频是由两个有细微差别的音频信号组成的，当通过两个独立的扬声器播放时，能够产生立体声的效果。有时想要将立体声的输出输入到一个单声道的功率放大器中。

你可以简单地只使用立体声其中一个声道（比如说，左声道），但是你会失去右声道的所有内容。因此，将立体声转化为单声道更好的方法是使用一对电阻让两个声道的信号合成一个信号（见图9-4）。

如图9-4所示，你可以将左声道与右声道直接连接起来，但是这不是什么好方法，因为如果左声道与右声道信号区别较大，这种连接方式可能会导致电流从一个声道流到另一个声道，损坏音频设备。

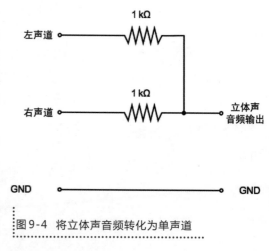

图9-4 将立体声音频转化为单声道

举例来说，我们可以使用我们之前焊接导线的单声道6.3 mm插头，将它连接一对电阻，再和立体声 3.5 mm插头相连。比如将一个MP3播放器插入一个吉他练习的扩音器里了。

图9-5是具体的操作步骤。为了方便拍照，本书将导线剪得很短。你可以将导线留长一点，只要别长到几码或者几米就行了。

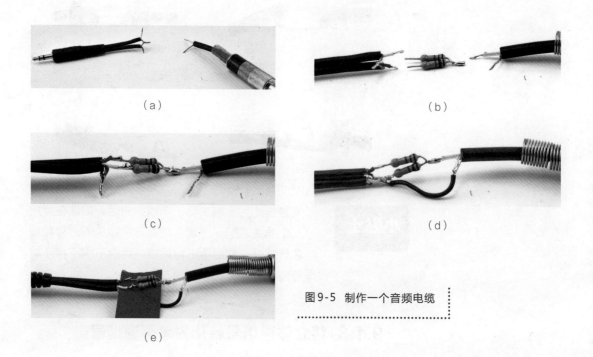

（a）

（b）

（c）

（d）

（e）

图9-5 制作一个音频电缆

我们使用的3.5 mm插头是从废旧不要的引线上回收的塑料插头。第一步就是将两个导线都剥去外壳［见图9-5（a）］。注意立体声插头在一根双绞电缆里具有两根屏蔽线。立体声插头的两个声道的地线可以拧在一起。

在所有裸露的导线上焊一层焊锡，然后先将电阻的一端焊接起来，如图9-5（b）所示。

接着，将立体声和单声道导线连接到两个电阻上，如图9-5（c）所示。从别处剪下一小段导线，将两端剥好并涂上焊锡，用来连接两个地线。按照图9-5（d）所示将它焊接起来，然后使用绝缘胶带将所有裸露的导线都包裹起来，尤其要注意导线有可能产生短路的地方［见图9-5（e）］。

9.2　如何使用一个话筒模块

图9-6　话筒模块

话筒（mics）能够对声波做出响应，但是声波只是气压的较小变化，因此有时话筒里的信号会比较模糊。所以声波信号需要放大到一定的可用幅度。

虽然完全可以自己为话筒制作一个小的放大器来使用，但是你也可以购买一个内置放大器的话筒。图9-6是内置有放大器的话筒模块。

话筒模块只需要2.7~5.5 V的电压输入。使用Arduino开发板就可以满足要求。

在第11章中，会经常使用到示波器。这里先展示一下示波器上的图像（见图9-7），这个图像是连接着5 V电源的话筒模块在固定声调下的输出波形图。

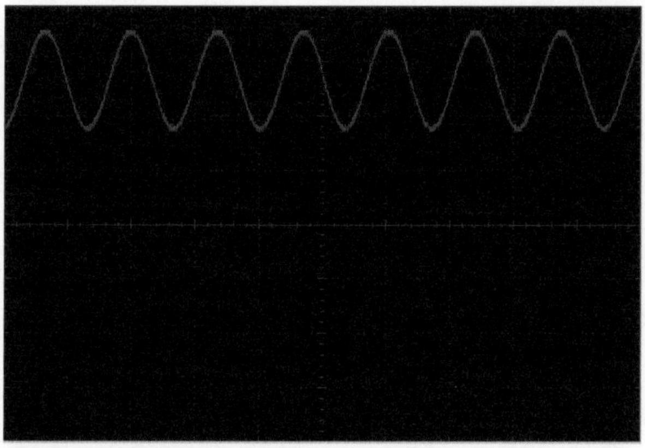

图9-7　话筒模块的输出波形

示波器上显示的波形就是声音信号。在这里，这个声音信号是一个恒定刺耳的7.4 kHz的声调。水平的横轴代表时间，每个蓝色的小方框代表100 ms。纵轴代表电压，每个小方框代表1 V的电压。话筒模块的输出是一个电压波形，在1.8~3.5 V之间快速变化。如果你在声波的中间点画一条横线，那么这条横线与纵轴相交于大概2.5 V处。这正好是0~5 V的中间点。因此如果话筒没有检测到任何声音，那么输出将会是一个位于2.5 V电压处的一条水平直线，随着声音音量加大，示波器上的声波摆动的幅度会越来越大。

但是，这个电压值不会高于5 V或低于0 V，而是波形会被"剪断"而失真。

图9-6 中 展 示 的 是
SparkFun（BOB-09964）
生产的话筒电路模块。话筒
的电路原理图，还有其他话
筒的所有设计文件都是公开
的。图9-8是一个典型的话
筒前置放大器电路原理图。

在这个电路中心的元器
件电路符号和你之前在第8
章的8.1节"如何检测有害气
体"中使用的比较器电路符
号很相似。但是，这里的元
器件并不是一个比较器，而

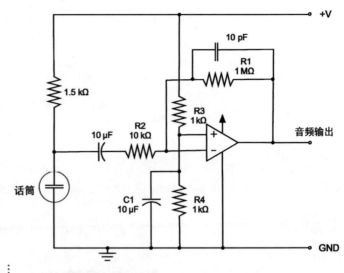

图9-8 话筒模块电路原理图

是一种放大器集成电路，具体来说，它是一个"运算放大器"
（简称"运放"，英文"op amp"）。

比较器的作用是在"+"输入电压高于"−"输入电压时，
输出会变为高电平。而运算放大器的作用是将"+"输入和"−"
输入之间的电压差值放大。运算放大器的放大倍数在百万数量
级上。这表示即使是最微弱的信号或噪声也可以被放大至很多
倍，输出一个0~5 V之间的电压。为了让运算放大器可以正
常工作，需要减少它的放大倍数（称为"放大增益"），我们引
入了"反馈（feedback）"电路。

反馈电路的工作原理是将输出电压的一部分反馈给运算
放大器的负极输入。这样放大增益会变为由电阻R1/R2的数
值决定的参数，见图9-8所示。在这里，电阻R1是1 MΩ，
电阻R2是10 kΩ，因此放大增益为1 000 000/10 000，即
100倍。

话筒输出的信号被放大了100倍。这说明了原始信号是如
此微弱。

运算放大器"+"输入端上的电压位于0~5 V的中间点，
即2.5 V。这是通过电阻R3与R4作为分压器而实现的。电容
C1让这个电压保持恒定。

根据电路原理图，你可以在铜箔面包板上搭建这个放大电
路。运算放大器除了表面贴装元器件以外，还有DIP双列直插
式封装。然而，直接使用现成的放大电路模块会节省你很多的
时间，甚至比你自己购买元器件搭建电路还要便宜。

我意识到对运算放大器的介绍很粗略。运放是很有用的电
路元器件，但是很遗憾本书并不能完全详尽地介绍运算放大

器。你可以在维基百科网站上找到关于运算放大器的介绍，另外还可以参考由Paul Sherz和Simon Monk编写的一本更偏理论的书籍"Practical Electronics for Inventors"，第3版，其中有一章专门讲解运算放大器。

在下一节，我们将会把这个模块与一个之前制作的FM调频发射器结合起来，来通过你的车载收音机播放你的MP3，从而制作一个音频"窃听器"。

9.3 如何制作一个调频窃听器

图 9-9 一个 FM 调频收音窃听器

制作一个能够将话筒接收到的声音发送给附近的FM调频收音机的FM调频发送器并不容易。我们是hacker（黑客or电子发烧友），因此我们将会把一个话筒模块连接到FM发送器上。图9-9是这个设计的完成图。

9.3.1 你需要

为了制作这个FM调频收音窃听器，需要以下材料：

数量	试验材料	附录编码
1	话筒模块	M5
1	*MP3播放器使用的FM调频发射机	
1	FM调频收音机	

*为了找到合适的FM调频发射机，你可以在eBay上搜索关键字"fm transmitter mp3 car"。最基础的模块就够用了，大概5美元，并不需要它包含远程控制接口或者SD卡接口。你只需要一个具有音频信号输入导线，由2节AA或AAA电池（3 V）供电的基础功能的模块就可以了。

9.3.2 电路搭建

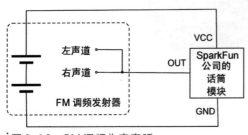

图 9-10 FM 调频收音窃听器电路原理图

这个设计很好制作。图9-10是这个FM调频收音窃听器的电路原理图。

FM发射机使用的3 V电源也为话筒模块供电，话筒模块的单输出连接着FM发射机的左右两个输入。

图9-11是将话筒模块连接到FM调频发射机上的操作步骤图。

首先是拧开所有的螺丝来让FM调频发射机的塑料壳分开。然后，剪掉插头，保留内部的导线，因为经常有些导线还会作为天线使用。将绝缘皮内部的3根导线剥去外皮并涂上焊锡［见图9-11（a）］。

　　在这 3 根导线中，如图 9-11（a）所示，红色的导线是右声道信号，白色导线是左声道信号，黑色导线是地线。这种颜色标识是一种惯例，但是如果你还是不确定你使用的 FM 调频发射机上的导线具体功能是什么，你可以将裸露的导线连接到你剪下来的插头上然后使用万用表的"通路测试"挡位来检测某一根导线连接的是插头的哪部分。插头上最远的尖端和挨着的圆环连接的应该是左声道和右声道，离塑料外壳最近的金属部分是地线连接。

　　我们将会不改变地线和左声道的连接点，而是将红色右声道导线去焊并连接到电池 3 V 的连接点上［见图 9-11（b）］。在这个 FM 调频发射机中，PCB 电路板下方电池盒的正极焊接到了 PCB 的表面。

　　为了找到电池正极连接点，我们需要仔细观察电池盒。在图 9-11（c）中，可以看到左边的金属片将上方电池的负极与下方电池的正极连接起来了。因此，3 V 正极连接点应该在电池盒的右上方，然后观察这个连接点在 PCB 板上的位置。如果电池盒的正极是通过导线引出的，那么找一个合适位置来连接音频导线。

　　回头看一下图 9-10 所示的电路原理图，我们需要使用一小段导线来连接左声道和右声道［见图 9-11（d）］。当所有操作都完成后，最终的设计应该和图 9-11（e）相同。

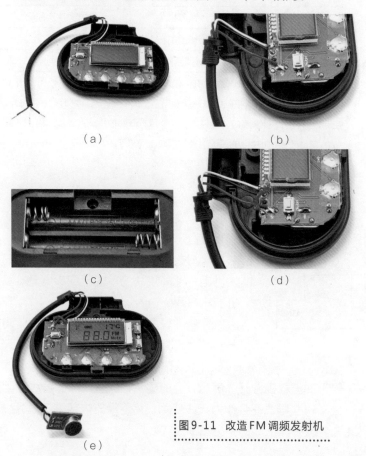

（a）　　　　　　　　　　（b）

（c）　　　　　　　　　　（d）

（e）

图 9-11　改造 FM 调频发射机

9.3.3 测试

注意 FM 调频发射机上的按钮开关对于话筒模块的电源毫无影响，因此如果你想要关闭这个设计，必须要将电池取出。

为了检测该电路是否正常工作，将 FM 调频发射机的频率调整到一个未被电台使用的频率上，然后将收音机也调到该频率上。也许会听到收音机里很多杂声，为了防止这些杂声，将收音机放在与话筒不同的房间。会发现你能够很清晰地听到"窃听器"所在房间的声音。

9.4 选择扬声器

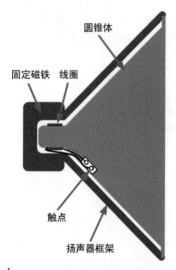

圆锥体

固定磁铁 线圈

触点

扬声器框架

图 9-12 扬声器的工作原理图

自从早期的收音机问世以来，它的扬声器部分就没有很大的变化。图 9-12 是一个扬声器的工作原理图。

扬声器中圆锥体（现今经常还是纸质的）的末端有一个线圈，这个线圈安放在扬声器框架末端的固定磁铁上。当线圈中流过放大过的音频信号时，线圈会随着音频信号接近或远离磁铁。这会使周围的空气产生震动，从而发出声音。

从电气角度来说，一个扬声器其实就像一个线圈一样。假如买这样一个扬声器，它会有一定的电阻。大多数扬声器的电阻是 8 Ω，但是也能找到 4 Ω 和 60 Ω 的扬声器。如果使用仪表来测量一个 8 Ω 的扬声器，会发现得到的读数确实是 8 Ω。

扬声器的另一个重要参数就是功耗。功耗决定了扬声器上不让线圈变得过热烧坏所允许流过的电流。对于一个你将要放置到小收音机里的小扬声器，其动耗通常都是 250 mW 以上。当你进一步了解扬声器之后，你也许会选择一个 hi-fi 高保真音响，你会看到它们的功耗大概有几十瓦特，甚至几百瓦特。

很难制作一个扬声器覆盖所有的音频频率，因此人们通常将扬声器的频率范围规定在 20 Hz ~ 20 KHz 之间。所以你会发现 hi-fi 高保真音响会将许多扬声器放在一个机箱内。这些扬声器可能包含有"低音扬声器 woofer"（低频率的声音）和"高音扬声器 tweeter"（高频率的声音）。由于低音扬声器不能 keep up with 高频率信号，扬声器里使用了"分频网络"模块来将高频低频信号分开，低频扬声器和高频扬声器单独工作。有时更精细的设备会有三个部件：一个是 bass 低音部，一个是中音部，还有一个高频率的高音扬声器 tweeter。

人类的耳朵能够迅速区分高频声音源的方位。如果你听到树上的小鸟叫声，你可能下意识就会望向小鸟的叫声处，而不用仔细分辨。但是低频率的声音却不是如此。正由于这样，环绕立体声系统通常都有一个单独的低频扬声器woofer，和一些其他中频和高频的扬声器。Bass扬声器要比高频扬声器体积大很多，这样才能在bass扬声器中慢慢注入足够多的空气来产生bass低音声。

9.5 如何制作一个1W的音频放大器

集成电路芯片TDA7052非常适用于制作一个小的音频放大器，在芯片内部包含了几乎你需要用到的一切元器件，并且只有1美元的价格。在这一节中，将学到如何在铜箔面包板上制作一个小的音频放大器模块（见图9-13）。

图9-13 1 W的音频放大器

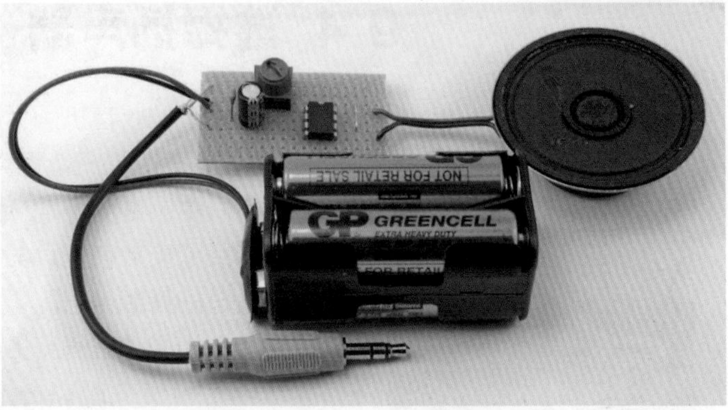

除了制作你自己的放大器外，还可以购买一个现成的放大器电路模块。会发现放大器模块有多种功耗的，有单声道和立体声的。eBay网上就有许多音频放大器模块，比如说SparkFun的（BOB-11044）和Adafruit的（987编号的产品）。这些模块通常使用一种叫做"class-D（D类放大）"的先进设计。

图9-14是TDA7052放大器的典型电路原理图。

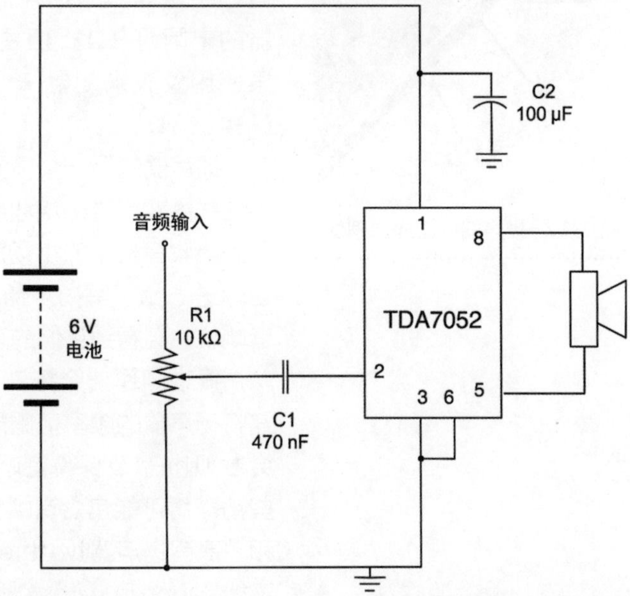

可变电阻R1控制音量的大小，它可以减小音频放大器芯片的输入信号大小。

电容C1的作用是将音频信号传递给音频放大器芯片的输入端，并且过滤掉任何音频信号中的偏置电压。正因为如此，当这样使用一个电容时，这个电容就可以被称为耦合电容。

电容C2的作用是储存电荷，以便当放大器为扬声器提供的功耗迅速变化时，可以从C2中快速得到电能。

图9-14 TDA7052放大器电路原理图

9.5.1 你需要

制作一个音频放大器模块，需要以下材料：

数量	名称	试验材料	附录编码
1	IC1	TDA7052	S9
1	R1	10 kΩ 可变电阻	K1,R1
1	C1	470 nF 电容	C3
1	C1	100 μF 电容	K1,C2
1		8 Ω 扬声器	H14
1		铜箔面包板	H3

9.5.2 电路搭建

图 9-15 是音频放大器模块的铜箔面包板布板图。如果你还没有使用过铜箔面包板，那么请仔细阅读第 4 章的 4.7 节"如何使用铜箔面包板（LED 闪烁灯）"。

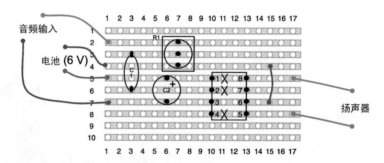

图 9-15　音频放大器模块的
铜箔面包板布板图

按照图 9-16 中的步骤来搭建这个音频放大器模块。

首先，将铜箔面包板剪裁成合适的大小，并且使用钻头在金属条上打 3 个断点 [见图 9-16（a）]。

第二步将电路连接导线焊接到铜箔面包板上，按照芯片 IC、电容 C1、电容 C2 和电阻 R1 的顺序将各个元器件焊接好 [见图 9-16（b）]。先焊接最低的元器件会最简单。

将导线连接到扬声器上 [见图 9-16（c）]，最后连接电池夹和一个带有 3.5 mm 立体声插头的导线 [见图 9-16（d）]。注意音频导线只用到了一个声道。如果你想使用左右两个声道，你需要使用一对电阻（见本章开头的"制作音频导线"一节）。

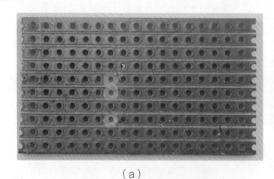
（a）

（b）

（c）

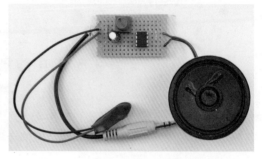
（d）

图 9-16 搭建音频放大模块

9.5.3 测试

你可以将这个放大器模块插入一个 MP3 播放器里来看看它是否正常工作，或者如果你有一部 Android 手机或一部 iPhone 手机，你可以下载一个和图 9-17 应用类似的信号发生器 app。这类的 app 应用有很多，许多都是免费的，图中的 Android 平台上 app 应用的名字叫 RadonSoft。

9.6 如何使用一个 555 定时器产生声音

在第 4 章中，我们使用了 555 定时器来让一对 LED 灯闪烁。在本节，我们将会学到如何使用一个 555 定时器在高频中震荡来产生声音。

我们将会使用一个光敏电阻来控制 Pitch，当你在光传感器上挥手时，pitch 将会像 theremin 一样变化。

图 9-18 是面包板上搭建好的音频发生器。

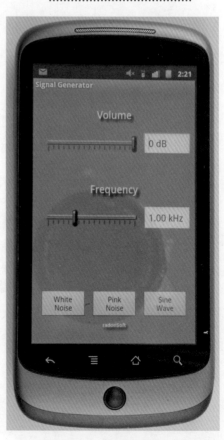

图 9-17 一个信号发生器 app 应用

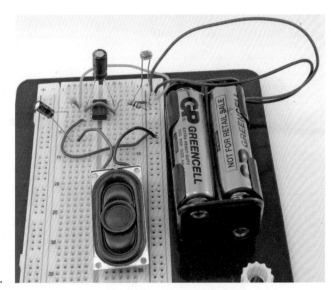

图9-18 使用555定时器元器件来产生音调

图9-19是这个音频发生器的电路原理图。

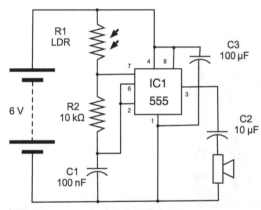

图9-19 555定时器音调发生器的电路原理图

这与第4章中的LED闪烁灯的原理图类似。在这里，除了两个固定电阻和一个设置频率的电容外，还有光敏电阻 $R1$，它的阻值会根据在它上面的光照情况在 $1\sim4$ kΩ 之间变化。我们这里使用的频率要比之前LED闪烁灯电路的频率高得多——事实上，如果我们想要最大频率，即大概1 kHz，这相比之前的电路提高了1 000倍。

555定时器震荡的频率由下面的公式决定：

频率 $f = 1.44/((R1+2\times R2)\times C)$

在公式中，$R1$、$R2$ 的单位是 Ω，而 $C1$ 的单位是F。

因此，如果我们使用一个100nF的电容 $C1$，10 kΩ 的电阻 $R2$，$R1$ 光敏电阻最小1 kΩ，那么我们可以计算出频率为：

1.44/((1 000+20 000) × 0.000 000 1) = 686 Hz

如果光敏电阻的阻值增加到4 kΩ，那么频率会降低到：

1.44/((4 000+20 000) × 0.000 000 1) = 320 Hz

当你想要计算555定时器的频率，或者决定使用电阻 $R1$、电阻 $R2$ 和电容 $C1$ 的值的大小时，可以使用网上计算器来帮你做数学运算，你可以访问以下网址：www.bowdenshobbycircuits.info/555

9.6.1 你需要

制作这个555定时器音频发生器模块，需要以下材料：

数量	名称	试验材料	附录编码
1	IC1	555定时器芯片	K1,S10
1	R1	LDR	K1,R2
1	R2	10 kΩ 电阻	K2
1	C1	100 nF 电容	K1,C4
1	C2	10 μF 电容	K1,C5
1		8Ω 扬声器	H14

9.6.2 电路搭建

图9-20是这个音频发生器的面包板布板图。

在铜箔面包板上搭建这个电路很简单。你可以回顾一下第4章的4.7节"如何使用铜箔面包板（LED闪烁灯）"。

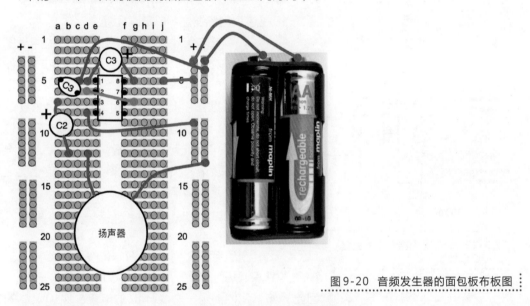

图 9-20 音频发生器的面包板布板图

9.7 如何制作一个USB音乐控制器

音乐软件，如Ableton Live™，能让USB控制器来模仿电子琴键盘控制虚拟的乐器，你可以弹奏任何有趣的歌曲。

你可以使用Arduino Leonardo开发板的USB键盘模拟功能，使倾斜Arduino开发板就能产生一个介于0～8的按键信号。当开发板为水平状态时按键4按下，当开发板向右倾斜到几乎垂直时，按键0被按下，当向左倾斜到几乎垂直时，按键8被按下。

Arduino开发板上唯一的硬件就是加速计（见图9-21）。

图 9-21　USB 音乐控制器

9.7.1　你需要

搭建这个音乐控制器，需要以下材料：

数量	试验材料	附录编码
1	Arduino Leonardo 开发板	M21
1	Leonardo 开发板使用的 Micro USB 线	
1	加速计	M15（Adafruit 产品）

9.7.2　电路搭建

　　这个设计中电路搭建部分比较简单。电路原理图实际上和"如何使用一个加速计"一样。Freetronics 生产的加速器也能够使用，但是你需要在连接加速计之前，改变程序中的管脚分配。

9.7.3　软件

　　音乐控制器的程序结合了感知 X 轴倾角和模拟键盘按键两个部分。

　　首先连接使用的管脚，正如在第 8 章 8.5 节 "如何使用一个加速计" 中讲到的一样，加速计模块使用输出管脚供电。

```
// music_controller
int gndPin = A2;
int xPin = 5;
int yPin = 4;
int zPin = 3;
int plusPin = A0;
```

　　变量 "levelX" 在校准时候使用，在加速计水平时记下模拟信号值。

　　"oldTilt" 变量包含 Arduino 开发板倾角的之前数值，这个数值也是介于 0 ~ 8 之间，其中为 4 时代表水平。之前的数值被记录下来，这样只有在倾角变化时才会发送按键信号。

```
int levelX = 0;
int oldTilt = 4;
```

"setup"函数设置了输出管脚用来为加速计供电，调用 "calibrate"函数，开启Leonardo键盘仿真模式。

```
void setup()
{
  pinMode(gndPin, OUTPUT);
  digitalWrite(gndPin, LOW);
  pinMode(plusPin, OUTPUT);
  digitalWrite(plusPin, HIGH);
  calibrate();
  Keyboard.begin();
}
```

在"loop"函数中，加速计读数被转化为一个介于0~8 之间的数值，如果这个数值最新的读数改变了，程序产生一个 按键。

```
void loop()
{
  int x = analogRead(xPin);
  // levelX-70 levelX levelX + 70
  int tilt = (x - levelX) / 14 + 4;
  if (tilt < 0) tilt = 0;
  if (tilt > 8) tilt = 8;
  // 0 left, 4 is level, 8 is right
  if (tilt != oldTilt)
  {
      Keyboard.print(tilt);
      oldTilt = tilt;
  }
}
```

"calibrate"函数读出将X轴校准的初始读数，等待 200 ms之后，给加速计足够的时间来正常开启。

```
void calibrate()
{
  delay(200); // give accelerometer time to turn on
  levelX = analogRead(xPin);
}
```

9.8 如何制作一个软件音量单位计

你之前在9.3节"如何制作一个调频窃听器"中使用的话 筒模块也可以用在Arduino开发板等微控制器上。图9-22是 插在Arduino开发板模拟connector strip的话筒。

话筒模块可以用来测量音量大小，然后向Serial Monitor 发送一串星号"*"来表示音量的大小（见图9-23）。

图 9-22 将一个话筒模块连接
到 Arduino 开发板上

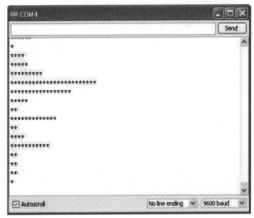

图 9-23 模拟音量单位计的
Serial Monitor

9.8.1 你需要

制作这个 VU 音量计，需要以下材料：

数量	试验材料	附录编码
1	Arduino Uno/Leonardo 开发板	M2/M21
1	USB 线；Uno 使用 Type B 类型的线，Leonardo 使用 Micro USB 类型的线	
1	话筒模块	M14
1	排针（三路）	H4

9.8.2 电路搭建

在连接话筒模块之前，请先加载程序 "vu_meter"。

将排针焊接到话筒模块上，这样这个模块就能插入
Arduino 开发板的插槽 A0～A2 中了，保持话筒面朝外，
如图 9-22 所示。

9.8.3 软件

话筒模块使用的电流很小，因此方便起见我们可以使用

Arduino 开发板的管脚 A0 和 A1 来为话筒模块供电。

程序首先在"setup"函数中定义了管脚，并赋值。开启串行通信。

```
// vu_meter
int gndPin = A1;
int plusPin = A0;
int soundPin = 2;
void setup()
{
  pinMode(gndPin, OUTPUT);
  digitalWrite(gndPin, LOW);
  pinMode(plusPin, OUTPUT);
  digitalWrite(plusPin, HIGH);
  Serial.begin(9600);
}
```

"loop"函数读出模拟信号输入 A2 上的初始值。当没有信号时，话筒模块产生一个 2.5 V 的输出值，随着声波信号的输入，输出信号会产生摇摆。为了得到"音量"大小，我们需要首先在初始值上减去 511——这是因为对于范围在 0～1 023 的初始模拟信号读数来说，511 代表着 2.5 V 的偏置。

"abs"函数的功能是求绝对值，我们之后会将这个绝对值除以 10 来得到一个介于 0～51 之间的数值，然后将这个结果赋值给"topLED"变量。实际上我们并没有使用 LED 灯，但是你可以将每个"*"号等效为 LED 显示的柱状图。

接下来"for"循环会显示出等同于"topLED"变量值的"*"号。最后，程序会跳转到 SerialMonitor 的下一行，并延时 100 ms。

```
void loop()
{
  int value = analogRead(soundPin);
  int topLED = 1 + abs(value - 511) / 10;
  for (int i = 0; i < topLED; i++)
  {
      Serial.print("*");
  }
  Serial.println();
  delay(100);
}
```

小结

除了本章介绍的内容外，还有许多音频模块可供使用。廉价立体声功率放大器能够从 eBay 网上购买，或者从供应商 SparkFun 和 Adafruit 处购买。

你还可以购买计算机上使用的超低价扬声器，这个扬声器还可以在你的设计里再次使用。

第10章

电子元器件的拆卸与修复

在本章，我们会学习如何拆卸电子元器件，并再将它们组装起来，或者仅仅将这些元器件拆解了以供临时使用。

在当今这个"抛弃型"社会中，许多消费电子元器件在坏了之后都被直接扔进垃圾桶了。从经济上考虑，它们并不值得付钱给别人来维修。但是，这并不意味着可以完全不试着修理一下它。即使修理失败了，一些有用的元器件还是能在你的设计中使用的。

10.1 如何避免触电

当你在处理家用电供电的电器时，请注意千万不要在它的插头还插在插座上时工作。实际上，我习惯于将该设备的插头放在我面前，来保证这个设备没有通电。家用电每年会使许多人丧命，注意安全不能大意！

一些设备，比如开关电源等，内部都包含有大容量电容来在设备断电后储存电荷几小时。这些电容就是在等待机会，等待着未设防的手指来完成一个电路回路。

除了小容量电容外，对于其他电容，都不能够使用一个螺丝刀连接两个电容引线来对电容放电。高电压下的大容量电容在零点几秒之内就能提供巨大数量的电荷，将螺丝刀的金属熔化，并且会将熔化的金属溅射起来。有人就因为电容爆炸的原因而失明，因此，千万不要这样去做。

图10-1是电容的安全放电方法。

将100 Ω的电阻引线弯成电容触点的宽度，用钳子的齿部夹住电阻接触电容触点几秒。你可以使用电压表的最大挡位来测量一下电容已经放电到安全等级了（如50 V）。如果你手上有一个大功率电阻，这样最好。如果这个电阻的功率不够大，电阻会损坏，但是并不像电容危险放电那样"壮观"。

还有一些能够狠狠电你（有时甚至是致命的）一下的电器，列举如下：

- 旧玻璃CRT阴极射线管电视
- 开关电源
- 相机的闪光灯和具有闪光灯的一次性相机"拍立得"

图10-1 对一个电容进行安全放电

10.2 如何拆解并且重新组装电子元器件

俗语有说，"任意一个傻瓜都能将东西拆开，但是重新组装却是另外一个概念。"

注意如果将一个电子产品自行拆解的话，会让这个产品失去它的质量保修。

但是只要依据以下规则，应该不会有什么问题：

- 工作台干净整洁，空间足够大。

- 当你拿出螺丝钉时，将它们按照在产品上排列的位置放置在你的桌面上。有时螺丝钉的大小也不相同。如果这些螺丝钉是按在或者旋在设备表面的，那么将它们按在一块发泡聚苯乙烯板或者类似的材料上。

- 在卸下所有螺丝钉之后，你需要取下外壳，注意一些小塑料部件比如开关按键有可能会掉出。将它们保持在原位直到需要取下这些小塑料部件。

- 如果某些地方比较复杂，可以画一个草图或者拍一张照片（我经常在修理电子产品时会拍很多照片，比如说修理吹风机或直发器时，会遇到很多机械设计组件）。

- 尽量不要使用蛮力来将电子产品的各个部件分开，而是要观察夹子或弹片的位置。

- 如果你尝试了所有办法都无法将电子产品拆解，那就用一个手锯来将它锯开（本书的作者过去经常求助于这种方法），等修理完之后再用胶水将各部分粘在一起。

10.3　如何检查一个保险丝

在一个装置内，最方便修理的问题就是保险丝了。这是由于保险丝的好坏情况很容易得知，也容易修理。保险丝其实就是导线，但它上面流过的电流过高时会自动断开。这会防止设备中更昂贵的元器件损坏，也可以防止设备起火。

有的保险丝没有遮挡，你可以直接看到里面的导线是否熔断。保险丝是按照电流分级的，通常都以A或者mA的单位来标出它能承受的最大电流。保险丝也分为"快速熔断"和"慢速熔断"两种。正如名字所示，这决定了保险丝在过大电流下的熔断速度。

一些家用电器的插头上含有一个保险丝，在一些PCB电路板上可能也有保险丝。图10-2（a）和（c）是英式插头内部的保险丝和作者万用表内部PCB电路板上的保险丝。

（a）　　　　　　　　　　　　　　　　（b）

图10-2　保险丝

（c）

你已经使用过很多次万用表的"通路测试"挡位了，现在你应该能够猜出如何测量一个保险丝了（见图10-3）。

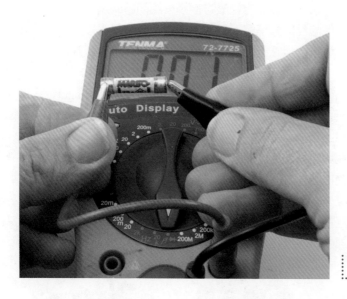

图10-3　使用万用表来测试保险丝

如果一个保险丝熔断了，这一般都是由于电流过大的原因。偶尔，保险丝会因为其他原因熔断，比如说电力线路的瞬间飙升，或者在非常寒冷的天气开启加热器等。因此，总体来说，如果设备没有明显的损坏（比如导线松开了，或者烧焦的迹象），那么就检查一下保险丝。

换过保险丝后，如果保险丝立即又断了，那么别再换保险丝了。需要找到问题的根源。

10.4　如何测试一个电池

电池电量用光当然也是电路不工作的原因之一。只需要使用万用表来测量一下电池电压就能知道电池是否电量用光了。

图10-4　使用电阻与万用表来测试一个电池

测试过程中，如果一节1.5 V的AA或者AAA电池测量出只有1.2 V电压，或者一个9 V电池测量出只有8 V电压，那么是时候将它扔进垃圾箱了。然而，电池没有供电的情况下测出的电压值是不准确的。为了准确起见，使用一个100 Ω的电阻作为模拟负载。图10-4中使用万用表和一个电阻来对电池的状态进行评估。

10.5　如何测试一个加热单元

如果你有一个烤箱、吹风机等的不确定是好是坏的加热单元，你可以通过测量它的电阻来检测它是否正常。像其他的家用电器一样，只有当它断电之后才能开始测试。

最好能在测量之前粗略地估计一下它的阻值。因此，比如说，如果你有一个 2-kW 220 V 的加热单元，那么根据公式整理得：

$P = V2/R$

$R = V2/P = 220 \times 220/2\ 000 = 24\ \Omega$

在你测量之前最好能计算出你的期望值，如果你先进行测量了，那么你会下意识的将这个结果当作期望结果。举个例子，有一次你们谦虚的作者确定一个可以的加热单元没有问题，因为测试结果显示它有几百欧姆。最终，发现其实是有一个电灯泡和加热单元并联，但是加热单元自身却损坏了。

10.6　查找并替换损坏的元器件

当 PCB 电路板上有元器件不能正常工作时，经常会导致元器件烧坏。这有时也会导致元器件周围烧焦。通常"罪犯"都是电阻和三极管。

10.6.1　测试元器件

测试电阻很容易，只需要将万用表放置在电阻挡就行了。尽管结果并不是十分准确，但是你可以直接在电路里测试而不用将它们取下来。大多数时候，你要寻找的坏点都是非常高电阻的开路，或者 0Ω 的短路。

如果你的万用表上还要电容挡，那么测试电容也会很容易。

另一些电路元器件不会这么容易就能检测出来。通常都能够辨认出这些元器件的名称。

放大镜会很有用处，它能够拍摄数码相片然后将图像放大到高倍显示。在你找到一些识别标记之后，可以将它输入到你常用的搜索引擎里进行搜索。

双极型三极管也可以被检测（见 11 章的"如何使用一个万用表来测试三极管"一节）。然而，如果你有备用三极管，一般来说更换一个新的三极管会更简单一些。

10.6.2 去焊

去焊操作当然也有技巧。你经常会需要添加一些焊锡来使已经焊接上的焊锡熔化流动。我发现使用电烙铁的尖端能够更有效的将焊锡去掉，因此我会经常用海绵擦拭电烙铁的焊头。

去焊编带（附录编码——T13）同样也非常有用。图10-5是使用去焊编带来去除一个电路元器件引脚处焊锡的操作，通过去焊，这个元器件才能从电路中取出。

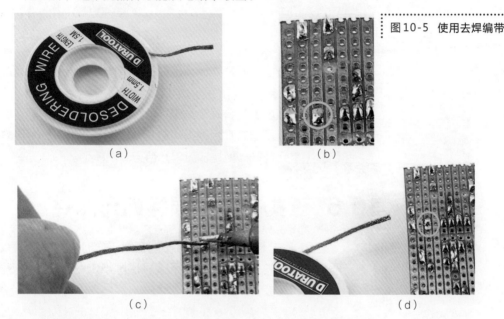

图10-5 使用去焊编带

（a）　　　　　　　　　　　　　　　（b）

（c）　　　　　　　　　　　　　　　（d）

去焊编带［如图10-5（a）所示］只需要使用一卷中的一小段长度就行了，并不需要太多。去焊编带是一种浸渍有助焊剂的编织线，它可以吸引焊锡从PCB印制电路板或者铜箔面包板流向去焊编带。

图10-5（b）中，黄色圆圈内的焊点就是我们将要去焊的焊点。将去焊编带放置在焊点上，使用焊烙铁接触焊点［见图10-5（c）］，你会感觉到焊点上的一部分焊锡开始熔化并流向去焊编带。当所有焊锡都变热熔化之后就可以将去焊编带移走了，你将会看到一个干净的焊接点，焊锡都转移到去焊编带上了［见图10-5（d）］。

之后你可以将带有焊锡的一段去焊编带剪下来扔掉。

有时候你也许要这样操作几次才可以把一个焊接好的电路元器件从电路中取出来。

10.6.3 元器件替换

将替换的元器件焊接到电路上的操作非常简单，你只需要注意新元器件的方向不要放置错误就行了。因此在替换元器件之前最好能够拍一张电路板的照片。

10.7 如何回收有用元器件

废旧电子产品是我们回收电子元器件的很好材料。但是要有选择的寻找有用元器件，有些电子元器件并不值得我们收集。比如电阻的价格实在太便宜了，没有必要花精力来将废旧电子产品里的电阻给取下来。

下面列出一些我认为值得收集的电子元器件：

- 所有种类的电动机
- 接线插头
- 单芯导线
- 七段码LED显示屏
- 扬声器
- 开关
- 大功率三极管和二极管
- 大容量或者特殊的电容
- 螺栓与螺母

图10-6 从一个盒式磁带录像机中回收电子元器件

图10-6是一个报废的盒式磁带录像机的内部照片，在图中标注了一些可以回收的部件。

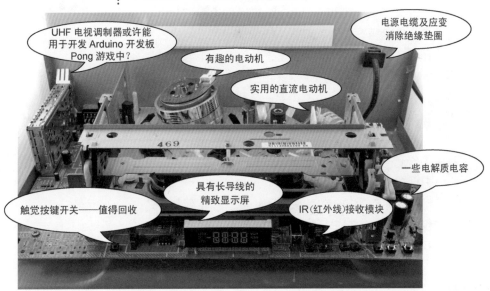

使用剪线钳能够让我们方便的拆卸许多元器件，包括单芯导线等。对于大容量电解质电容和其他电路元器件也是一样，只要在剪下来之后它们还有足够长的引脚能够让我们再次使用就行。如果不行，那么你可以将它们去焊，拆卸下来。

10.8　如何再利用手机电源适配器

所有制作的电子设计多多少少都会用到某种电源。这些电源可以是电池，但是经常使用家用电来为电子设备供电会更加方便。

大多数人都会有一个塞满了废旧手机和手机充电器的抽屉，我们可以再次利用一个旧的手机充电器。如果这个手机充电器是新款手机的充电器，那么它们上面会有标准的接口比如 mini-USB 或者 Micro-USB 接口，但是其他老式手机充电器都有自己专有的插头，只有该手机厂家的手机才能使用。

我们将会给这些老式的手机充电器装上一个标准的插头，或者甚至在螺旋式接线柱上连接上裸露的导线。

图 10-7 是在老式手机充电器上安装另一种接线插头（比如一个 2.1 mm 的枪管插头）的操作步骤。

图中的充电器是"wall-wart"类型的，它可以直接插入插座使用。充电器连接手机的插头停止使用很久了［见图10-7（a）］。充电器上标注有信息表示它能够在 5 V 电压下提供 700 mA 的电流，因此我们的第一步工作（在这之前要保证充电器没有连接着家用电源）就是剪掉充电器上旧的连接手机的插头，并剥出裸露的导线。应该会有两条导线，如果一条是黑色的，另一条是红色的，那么通常红色导线是正极而黑色导线是负极。在这里，我们使用的充电器导线是红色和黄色的。不管导线的颜色如何，最好都能够使用万用表来检测一下导线的极性［见图10-7（b）］。

记住在焊接之前要将两根导线穿过枪管插头的塑料外壳。

然后，你可以将枪管插头焊接到导线上了（附录编码：H11）。这和我们在第九章 9.1 节"如何制作音频导线"中的流程相似。图 10-7（c）是正要焊接的插头，图 10-7（d）是最终焊接好的插头。

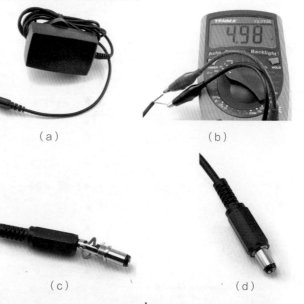

（a）　（b）　（c）　（d）

图10-7　将一个枪管插头连接到手机充电器上

小结

在本章，我们探讨了一些可以从废旧电子产品中回收利用的电子元器件，同时也简略讲述了电路检测与修理的一些知识。

如果你想要了解更多关于电路修理的知识，我推荐你一本由 Michael Beier 编写的书籍"how to diagnose and Fix Everything Electronic"（McGraw-Hill/TAB, 2011）。

第11章

工具

本章主要是作为参考使用。在本书之前介绍的章节里，已经涉及到一些本章将要讲述的技术了。

11.1 如何使用万用表（综述）

图11-1是本书作者使用的万用表量程选择器的近照。

图11-1 万用表量程选择器

这是一个价位在20美元附近的中等量程范围的万用表。我们在本书中仅仅使用到了它的4或5个挡位，因此在这里有必要介绍一下这个万用表的其他功能。

11.1.1 "通路测试"与二极管测试

我们从6点钟位置开始讲起，万用表处在通路测试模式，通路测试挡位由一个小音乐符和一个二极管的标识表示。我们之前已经使用过很多次通路测试功能了。它会在两条导线之间电阻很小时发生警报声。

通路测试挡位上有一个二极管标识的原因是这个挡位还适用于二极管测试。使用万用表，这个功能还能用在 LED 上，可以测量出它们的前置电压。

　　将二极管的阳极（普通二极管末端不带条纹的管脚通常是阳极，LED 的长引脚通常是阳极）连接到万用表的红色测试表笔上，另一端连接万用表的黑色测试表笔。万用表可以读出二极管的前置电压。因此，你将会看到万用表的读数大概为普通二极管 0.5 V，LED 在 1.7～2.5 V 之间。你还能发现 LED 微微发光。

11.1.2　电阻挡位

　　图 11-1 中的万用表有 6 个电阻测量范围，从 200 MΩ～200 Ω。如果你测量的电阻阻值大于选定的测量范围，那么万用表会提示你。本书使用的万用表会只显示一个数字"1"而没有其他位数。出现这种情况时，我需要换成一个更高的电阻测量挡位。更好的方法是，从最大电阻测量挡位测起，不断缩小测量范围，直到你获得一个精确的读数。想要获得最精确的读数，你需要将万用表设置在比被测电阻阻值高的最小电阻挡位。

　　当测量 100 kΩ 以上的大阻值电阻时，记住你自身也是一个大电阻，因此如果你用手握住了电阻的两个管脚（见图 11-2），那么测量结果将会是被测电阻的阻值和你自身的阻值。

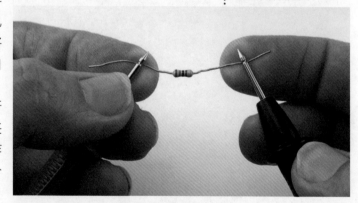

图 11-2　测量大阻值电阻的错误方法

　　为了避免测量到自身所带的电阻，可以使用鳄鱼夹或者将电阻插在你的工作台上，和测试表笔位于一个平面。

11.1.3　电容挡位

　　一些万用表上还有电容挡位。电容挡不能测量一个未知电容的电容值（一般电容都会标注有自身的电容值），但是电容挡能够测量被测的电容容值和它自身标注的容值是否相近。

　　大多数万用表的电容容值测量范围都不是很精确，但是电容的实际容值——尤其是电解质电容的容值——通常都会有较大的容差。

　　换句话说，如果你使用万用表来测量一个 100 μF 的电容，读数为120 μF，这也是很正常的。

11.1.4　温度挡位

如果你使用的万用表具有温度挡位，通常都会配套有一条特殊的测量导线，如图11-3所示。

图11-3　温度测量使用的热电偶导线

这个导线实际上是一个热电偶，它可以测量导线末端的小金属块的温度。这个热电偶会比你平时使用的仅能测量平均温度的数字温度计有用多了。温度的测量范围可以参考万用表的用户手册，但是一般的温度测量范围都在-40~1 000 ℃之间（即-40~1 832 ℉之间）。

因此，你可以使用这个热电偶导线来测量你的电烙铁温度有多高，或者如果你的电子设计中有一个元器件有一些发热了，你可以使用万用表的温度挡位来测量它的温度到底有多高。

11.1.5　AC交流电压挡位

在本书中我们对于AC交流电的介绍不多。AC代表英文单词"alternating current"，即交流电。你家中墙壁上插座里的110 V或者220 V电源就是交流电。图11-4中，110 V的交流家用电压随着时间的变化而不断变化。

从图11-4中可以看出，电压值实际上峰值能达到155 V，然后波动到最低值-155 V。因此也许你会觉得疑惑，为什么这个交流电压被称作110 V交流电压呢？

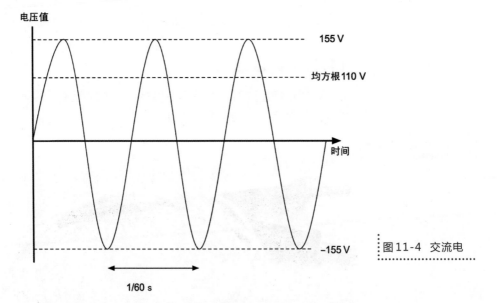

图 11-4 交流电

答案是在大部分时间内，电压都不高，在这段时间里，它传输的电能并不高。110 V 交流电压代表的是一个平均值。这个平均值不是普通意义上的平均电压，如果按照普通方法计算那么应该是（110-110）/2 = 0 V，这是由于有一半的时间电压在横坐标之下。

110 V 电压代表的是 RMS（均方根）电压。它是正峰值电压除以 2 的平方根（即大约 1.4）。你可以将这个 110 V 电压当作等效的 DC 110 V 直流电压。因此 AC 110 V 交流电压下工作的电灯泡会和 DC 110 V 直流电下工作的电灯泡一样明亮。

当你需要测量 AC 交流电时，你一定是在做一些本书范围之外的危险设计，你必须确保自己非常清楚自己要做什么，并且理解了上述内容。

11.1.6 DC 直流电压挡位

我们在之前已经使用 DC 直流电压挡位很多次了——主要在 0~20 V 的范围内使用。

这里不再赘述，只提一点建议，尽量要从你要测量的电压范围的最大挡开始测量，然后慢慢缩小测量范围。

11.1.7 DC 直流电流挡位

当测试直流电流大小时，你会发现你需要将红色的测试探针放入万用表上不同的测试插孔来测量不同范围的电流。通常都会有一个小电流插孔和另一个单独的大电流范围插孔（本书作者使用的万用表是 20 A，见图 11-5）。

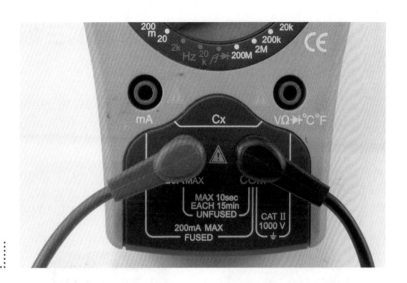

图 11-5 高电流测量

这里有两点需要特别注意。第一，如果你超出了电流测试范围，你使用的万用表并不会仅仅给你一个警告，而是有可能会烧坏万用表内置的保险丝。

第二，当测试探针放置在电流测量挡位上时，两个探针之间具有很小的电阻。这是因为它们需要让被测电流尽量按照原来大小流过探针。因此，如果你忘记万用表的探针还插在电流测试挡位上，而去测试电压值了，你将会让你的电路短路，同时你的万用表内置的保险丝也可能会被烧断。

因此，重申一遍，如果你使用万用表来测量电流了，务必要将测试探针放回电压测量挡位插孔，在之后很有可能会用到电压测量。如果你忘记探针放置在电压测量挡位上了，那么你仅仅会得到一个数值为 0 的读数而已，不会对电路和万用表造成伤害。

11.1.8　AC 交流电流挡位

同 AC 交流电压挡位，使用时请慎重。

11.1.9　频率挡位

如果你使用的万用表具有频率挡位，那么这将会对你非常有帮助。比如说，在第 9 章的 9.6 节 "如何使用一个 555 定时器产生声音" 中，我们使用 555 定时器产生了一个音频声调，你可以使用频率测量挡位来测量产生声调的频率。如果你没有示波器的话，这个功能将会非常方便。

11.2 如何使用万用表来测试三极管

有的万用表还有一个三极管测试插孔，你可以将三极管插到万用表中。万用表不仅会显示出这个三极管的好坏，还会测量出它的放大增益（Hfe）。

如果你的万用表没有这个功能，至少你能使用通路测试挡位来检测三极管的好坏。

图11-6是测量一个NPN双极性三极管2N3906的操作步骤。

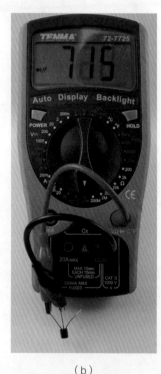

图11-6　测试三极管

　　　（a）　　　　　　　　　　（b）

将万用表设置在二极管测试挡位，将万用表的负极引线连接到三极管中间管脚基极上，将万用表的正极引线连接到三极管剩下两个管脚中的一个上。连接的是发射极或者集电极并不重要（查看三极管的管脚分布来找到基极就行）。在万用表上会有一个读数，它会在500～900之间。这是以mA为单位的基极与某极的前置电压［见图11-6（a）］。然后，将万用表正极引线连接到三极管剩余的一个管脚上（见图11-6），你将会看到一个类似的读数。如果两个读数都为0，要么是因为你测量的三极管坏了，要么是因为它是一个PNP三极管，如果想要测量一个PNP三极管，你需要将万用表的正极引线连接三极管的基极，而用负极分别去测量三极管发射极与集电极。

11.3 如何使用实验室电源

图 11-7 实验室电源

我们在第5章介绍过实验室电源。如果你已经拥有了焊接设备和万用表，那么实验室电源将会是你需要购买的第三件物品（见图11-7）。在电子设计中将会经常使用到它。

图11-7中使用的电源是一个操作简单容易上手的基础电源。在图中，这个电源正在给一个铅酸蓄电池充电。你将会发现你在设计电路时会用到它给你的设计供电。你应该购买一个类似的电源，价格在100美元以下。

这个实验室电源可以插在家用电插座上以20 V的电压提供4 A的电流，对于大多数电子设计来说足够用了。在实验室电源的显示屏上，上边数字表示电压，下边数字表示正在消耗的电流。

实验室电源比电池或者固定电源更加方便的原因如下：
- 实验室电源能够显示电路当前消耗的电流。
- 你可以限制电流消耗。
- 在测试LED时，你可以将它设置为恒流源。
- 可以轻松调整电压值。

控制面板上还有一个输出开关，它可以控制输出电压的开与关，两个旋钮是用来控制电压和电流的大小的。

如果使用实验室电源第一次为一个设计供电，我会遵照以下流程：

1. 将电流值设置在最小。

2. 设置期望电压。

3. 打开输出开关（电压可能会降低）。

4. 增加电流值大小，观察电压值升高，确保电流值不会上升到出乎意料的大小。

11.4 简介：示波器

示波器（见图11-8）是任何电子设计不可或缺的工具，也是你观察某个随时间变化信号的必备工具。它们的价格较高（200美元起），并且有许多种类。其中性价比最高的示波器连显示屏都没有，而是通过USB连接到你的计算机上。如果你不想承担笔记本电脑上可能被滴上一滴焊锡的风险，或者不想等待示波器程序安装驱动才能使用，那么一个稍微高档的示波器会更适合你。

　　所有的书都在介绍如何高效使用示波器，但是每个示波器都不同，因此在这里我们只介绍一些示波器的基础知识。

　　正如图11-8所示，波形在显示屏的栅格背景之上显示。纵轴的栅格表示某个电压值，在本书中每一格代表 2 V 电压。因此图片中的矩形波的电压为2.5×2，即 5 V。

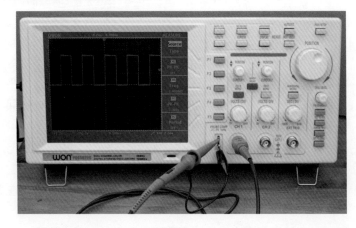

图 11-8　一个低价的数字示波器

　　横轴是时间轴，以秒为单位。在图中，每个栅格代表500 μs。因此矩形波的每一个完整周期为1 000 μs——即1 ms——也就是1 000 Hz的频率。

　　示波器的另一个优点是示波器的测试导线具有很高的阻抗，这就表示它们对于测试电路的影响很小。

11.5　软件工具

　　除了制作电子设计的硬件工具，还有一些软件工具能够给予我们帮助。

11.5.1　仿真

　　如果你希望能在虚拟环境下来制作电子设计，你可以使用在线电路仿真器，例如CircuitLab（www.circuitlab.com）。这个在线电路仿真器（见图11-9）能够让你在线画出电路原理图，并仿真该电路的工作情况。

　　除了本书介绍的理论知识外，你还需要学习更多理论，但是有这样的在线电路仿真工具能够给你节省不少力气。

11.5.2　Fritzing

　　Fritzing（www.fritzing.com）是一个非常有趣的开源软

件，你可以使用它来进行电子设计。这个软件最初是为面包板设计的，它包含了电路元器件和功能模块的库，比如Arduino开发板，可以在这些元器件上接线（见图11-10）。

图11-9 CircuitLab
在线电路仿真

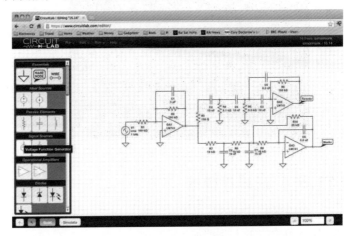

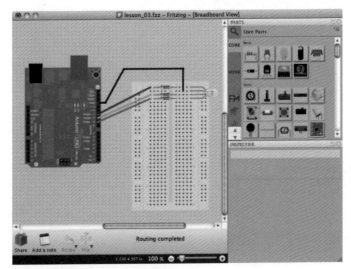

图11-10 Fritzing

11.5.3 EAGLE PCB

如果你想将你自己的电子设计制作成PCB印制电路板的话，那么推荐你使用最流行的工具EAGLE PCB（见图11-11）。你能够在EAGLE PCB软件里画电路原理图，然后转换成PCB电路板图，在PCB电路板图中你可以根据元器件的连接来进行布线，之后软件会生成CAM文件（计算机辅助制造文件），你可以将这个文件交给PCB制造商来制作PCB印制电路板。

制作PCB电路板本身就是一门学问。关于PCB电路板的更多信息，可以参考Simon Monk编写的"Make Your Own PCBs with EAGLE: From Schematic Designs to Finished Boards"一书（TAB，2013）。

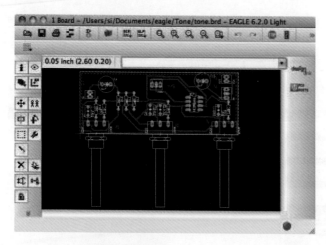

图 11-11 EAGLE PCB 软件

11.5.4 在线计算器

在线计算器能够让你在电子设计中的数学计算变得简单。
一些有用的在线计算器列举如下：

- http://led.linear1.org/1led.wiz 一个LED 的串联电阻
  计算器
- http://led.linear1.org/led.wiz 用来驱动众多数量的
  LED
- www.bowdenshobbycircuits.info/555.htm 一个
  555 定时器元器件计算器

小结

这是本书的最后一章，我希望在阅读完后你可以开始自己
的"电子制作"之旅了。制作一些电子设计的实物，或者按照
我们所需来改造某个设备会让我们感到更有成就感。

在今天，生产者与消费者的分界线越来越模糊了，这是由
于人们开始设计并制作自己的电子产品了。

互联网上有很多有用的资源。下面列出的一些网址值得关注：

- www.hacknmod.com
- www.instructables.com
- www.arduino.cc（针对 Arduino 开发板）
- www.sparkfun.com（功能模块和一些有趣的电子元
  器件）
- www.adafruit.com（更多很酷的东西）
- www.dealextreme.com（廉价货；可以搜索LED等）
- www.ebay.com（可以将其他链接里的商品在这个网
  站上搜索一下）

其他电子元器件供应商可以参考附录章节。

附录部分

电子元器件的价格相差很大，所以请以下面清单为指导来购买它们。

我知道有些人几乎都是在eBay上买东西。但是注意了。尽管eBay上的东西经常都很便宜，但是偶尔还是会有比其他供应商贵的多的元器件。

我已经在之前章节中就列出了SparkFun和Adafruit公司的一些工具和模块的附录编码，业余电子爱好者能够很方便的从这些供应商处购买电路元器件，它们还能提供较好的附属技术文档。SparkFun和Adafruit公司在全球都有经销商，所以如果你不居住在美国，并不需要直接从这两家公司购买元器件，可以通过在你居住地的经销商处购买。

对于其他SparkFun和Adafruit公司没有覆盖到的电路元器件，我已经列出了Mouser和DigiKey两家公司，它们作为供应商在美国对于业余电子爱好者来说占主导地位，对于Farnell公司，它在英国建立，但是可以将你订购的货物运送到世界任何地方。

另请参阅本书的网站（www.hackingelectronics.com）来看看这里列出的电子元器件信息的更新状态。

工具

附录编码	描述	SparkFun	Adafruit
T1	新手套装（焊接套装、钳子、剪刀）	TOL-09465	
T2	万用表	TOL-09141	
T3	PVC绝缘胶带	PRT-10688	
T4	机械手	TOL-09317	ID:291
T5	无需焊接的面包板	PRT-00112	ID:239
T6	实芯跨接线套装	PRT-00124	ID:758
T7	红色hookup单芯导线（22 AWG）	PRT-08023	ID:288
T8	黑色hookup单芯导线（22 AWG）	PRT-08022	ID:290
T9	黄色hookup单芯导线（22 AWG）	PRT-08024	ID:289
T10	红色多芯导线（22 AWG）	PRT-08865	
T11	黑色多芯导线（22 AWG）	PRT-08867	
T12	Male to female jumper set	PRT-09385	ID:825
T13	去焊编带/棉芯	TOL-09327	ID:149

电子元器件

　　如果你要储备基本的电子元器件，强烈推荐你购买新手配件套装。SparkFun 公司就有这种新手套装出售，不过这个套装不包括电阻，因此你还需要再购买一个电阻器套装。一旦你准备好了这些元器件，你就拥有了能符合绝大部分需求的电子元器件储备。

电子元器件的新手套装

　　SparkFun 的新手部件套装和电阻套装将会让你拥有足够的电子元器件。

附录编码	描述	SparkFun
K1	SparkFun 新手套装（KIT-10003）	KIT-10003
K2	SparkFun 电阻器装	COM-10969

电阻

附录编码	描述	SparkFun	Adafruit	其他
R1	10 kΩ 电位器,0.1 in pitch 间距（K1 套装中包含）	COM-09806	ID:356	DifiKey:3362P-103LF-ND Mouser:652-3362P-1-103LF Farnell:9354301
在 K1 中的 R2	光敏电阻 LDR（K1 套装中包含）	SEN-09088	ID:161	DigiKey:PDV-P8001-ND Farnell:1652637
R3	500 Ω 电位器			DifiKey:CT6EP501-ND Mouser:652-3386P-1-501LF Farnell:9355103

电容

附录编码	描述	SparkFun	其他
C1	1 000 μF 16 V 电解质电容		DifiKey:P10373TB-ND Mouser:667-ECA-1CM102 Farnell:2113031
C2	1 000 μF 16 V 电解质电容（K1 套装中包含）	COM-00096	DifiKey:P5529-ND Mouser:647-UST1C101MDD Farnell:8126240
C3	470 nF 电容		DifiKey:445-8413-ND Mouser:810-FK28X5R1E474K Farnell:1179637
C4	100 nF 电容（K1 套装中包含）	COM-08375	DifiKey:445-5258-ND Mouser:820-FK18X7R1E104K Farnell:1216438 Adafruit：753
C5	10 μF 电容（K1 套装中包含）	COM-00523	DifiKey:P14482-ND Mouser:667-EEA-GA1C100 Farnell:8766894

半导体

附录编码	描述	SparkFun	Adafruit	其他
S1	2N3904（K1套装中包含）	COM-00521	756	DifiKey:2N3904-APTB-ND Mouser:610-2N3904 Farnell:9846743
S2	高亮度白色LED（5mm）	COM-00531	754	DifiKey:C513A-WSN-CV0Y0151-ND Mouser:941-C503CWASCBADB152 Farnell:1716696
S3	带散热片的1W Lumiled LED	BOB-09656	518	DifiKey:160-1751-ND Mouser:859-LOPL-E011WA Farnell:1106587
S4	7805稳压器（K1套装中包含）	COM-00107		DifiKey:296-1399-5-ND Mouser:5112-KA7805ETU Farnell:2142988
S5	1N4001二极管（K1套装中包含）	COM-08589	755	DifiKey:1N4001-E3/54GITR-ND Mouser: 512-1N4001 Farnell:1651
S6	FQP30N06	COM-10213	355	DifiKey: FQP30N06L-ND Mouser: 512-FQP30N06 Farnell: 1695498
S7	LM311比较器			DigiKey:497-1570-5-ND Mouser: 511-LM311N Farnell: 9755942
S8	TMP36温度传感器集成电路	SEN-10988	165	DigiKey:TMP36GT9Z-ND Farnell: 1438760
S9	TDA7052			DigiKey: 568-1138-5-ND Mouser: 771-TDA7052AN Farnell: 526198
S10	NE555定时器集成电路（K1套装中包含）	COM-09273		DigiKey: 497-1963-5-ND Mouser: 595-NE555P Farnell: 1467742
S11	5mm的红色LED	COM-09590	297	DigiKey: 751-1118-ND Mouser:941-C503BRANCY0B0AA1 Farnell: 1249928
S12	线性霍尔效应传感器			DigiKey: 620-1022-ND Mouser:785-SS496B Farnell: 1791388

硬件及其他

附录编码	描述	SparkFun	Adafruit	其他
H1	4节AA电池的电池盒	PRT-00550	830	DigiKey:2476K-ND Mouser: 534-2476 Farnell: 4529923
H2	电池夹			DigiKey:BS61KIT-ND Mouser: 563-HH-3449 Farnell: 1183124
H3	铜箔面包板			eBay—searchfor"stripboard" Farnell: 1201473

附录编码	描述	SparkFun	Adafruit	其他
H4	排针	PRT-00116	392	
H5	2A 两个方向的螺旋式接线			eBay—searchfor"terminalblock" Mouser: 538-39100-1002
H6	6V 齿轮电动机			Part of H7 eBay—search for "gear motor" or "gearmotor"
H7	"魔术"底盘	ROB-10825		
H8	6 节 AA 电池的电池盒		248	DigiKey: BH26AASF-ND Farnell: 3829571
H9	电池夹到 2.1 mm 插头的跨接线		80	
H10	9g 伺服电动机	ROB-09065	169	
H11	2.1 mm 枪管插头			DigiKey:CP3-1000-ND Farnell: 1737256
H12	小型无焊面包板	PRT-09567	64	
H13	12 V 双极型步进电动机	ROB-09238	324	
H14	8 Ω 扬声器	COM-09151		
H15	大型按键灯	COM-09336	559	
H16	5 V 继电器	COM-00100		Digikey:T7CV1D-05-ND

功能模块

附录编码	描述	SparkFun	Adafruit	其他
M1	12 V 500 mA 电源	TOL-09442	798	Note:U.S. model listed here.
M2	Arduino Uno R3	DEV-11021	50	
M3	压电发声器	COM-07950	160	
M4	Arduino 以太网外围功能扩展板	DEV-09026	201	
M5	PIR 运动传感器模块	SEN-08630	189	
M6	MaxBotix LV-EZ1 测距仪	SEN-00639	172	
M7	HC-SR04 测距仪			eBay—searchfor"HC-SR04"
M8	AK-R06A RF 射频套件			eBay—searchfor"433MHZ 4 Channel RF Radio"
M9	SparkFun TB6612FNG 印制电路板	ROB-09457		
M10	压电发声器（内置于示波器中）			eBay—search for "ActiveBuzzer 5V"
M11	甲烷传感器 MQ-4	SEN-09404		

续表

附录编码	描述	SparkFun	Adafruit	其他
M12	颜色探测模块			eBay—search for "TCS3200D Arduino"
M13	压电振动传感器	SEN-09199		
M14	SparkFun 话筒模块	BOB-09964		
M15	加速计模块		163	Freetronics:AM3X
M16	USB LiPo 锂电池充电器	PRT-10161	259	
M17	升压降压变换器与 LiPo 锂电池充电器的结合	PRT-11231		
M18	Arduino LCD 液晶显示屏外围功能扩展板			Freetronics:LCD Key padShield
M19	4 位数七段码显示屏		880	
M20	RTC 实时时钟模块		264	
M21	Arduino Leonardo 开发板	DEV-11286	849	

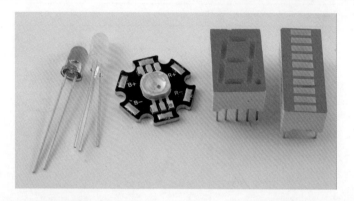

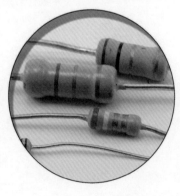

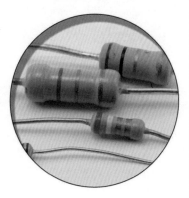